江西理工大学清江青年英才支持计划
江西理工大学清江学术文库

超分子聚合物的构筑及结构转化

李 辉 许芬芬 黎日强 著

北 京
冶 金 工 业 出 版 社
2022

内 容 提 要

本书共 8 章，分别阐述了基于冠醚与柱[5]芳烃自分类组装构筑超分子交替聚合物及制备分级材料，基于冠醚、柱芳烃的三单体法构筑可控的超分子超支化交替共聚物及多孔薄膜材料的制备，基于冠醚、柱芳烃的竞争性自分类组装实现超分子均聚物到共聚物的结构转化，利用冠醚和柱芳烃分级自组装实现超分子聚合物的结构转变，基于柱芳烃和三联吡啶金属配位实现颜色可调控的荧光超分子超支化聚合物的制备，利用正交自组装和竞争性自分类组装实现冠醚和三联吡啶为基元的超分子聚合物的组装及聚合物的结构转化以及基于冠醚、柱芳烃、三联吡啶多种非共价作用的自分类组装构建结构可控的超分子共聚物。

本书可供从事超分子化学、有机化学、高分子化学及无机化学等专业领域的研究人员阅读，也可供化学类专业高等院校师生参考。

图书在版编目（CIP）数据

超分子聚合物的构筑及结构转化/李辉，许芬芬，黎日强著 . —北京：冶金工业出版社，2022.4

ISBN 978-7-5024-9147-5

Ⅰ.①超… Ⅱ.①李… ②许… ③黎… Ⅲ.①超分子—结构—高聚物结构 Ⅳ.①O631.1

中国版本图书馆 CIP 数据核字（2022）第 076300 号

超分子聚合物的构筑及结构转化

出版发行	冶金工业出版社	**电　　话**	（010）64027926
地　　址	北京市东城区嵩祝院北巷 39 号	**邮　　编**	100009
网　　址	www.mip1953.com	**电子信箱**	service@mip1953.com

责任编辑　王梦梦　美术编辑　燕展疆　版式设计　郑小利
责任校对　郑　娟　责任印制　禹　蕊
三河市双峰印刷装订有限公司印刷
2022 年 4 月第 1 版，2022 年 4 月第 1 次印刷
710mm×1000mm　1/16；12.5 印张；244 千字；191 页
定价 79.00 元

投稿电话　（010）64027932　投稿信箱　tougao@cnmip.com.cn
营销中心电话　（010）64044283
冶金工业出版社天猫旗舰店　yjgycbs.tmall.com
（本书如有印装质量问题，本社营销中心负责退换）

前　言

超分子聚合物是超分子化学与高分子化学学科相结合并发展起来的一门新兴学科。与基于共价键的聚合物不同，超分子聚合物的构筑主要是通过非共价键相互作用，将小分子或聚合物连接到一起，形成具有特定结构或功能的聚集体，这些聚集体在溶液和体相中表现出聚合物的性质。超分子聚合物的驱动力一般为具有一定强度和方向性的非共价键作用，由于非共价键的动态可逆性，超分子聚合物不仅拥有传统共价键聚合物的许多特性，如较高的黏度、可作为基因药物载体等，而且也使它具备了共价键聚合物许多难以具备的特性，例如自修复性、自适应性等性能。此外，由于非共价键易于操作的特性，超分子聚合物可以方便地集成多种多样的功能和性质，并且能实现可逆的调控。这些优良的特性使得此类聚合物在刺激响应性材料、可降解材料、自我修复材料、形状记忆性材料、光电材料以及生物医用材料等领域得到广泛应用。非共价键作用主要包括金属配位、氢键、π-π堆积和主客体作用等。其中，主客体化学和金属配位是超分子化学研究的重要分支，由于其具有良好的选择性、高度的有效性以及简便的响应性，被广泛地用来构筑一些功能型的自组装结构。

鉴于大环化合物冠醚、柱芳烃及三联吡啶金属络合物独特的结构和性能，本书详细介绍了基于冠醚、柱芳烃、三联吡啶及其衍生物构筑的超分子聚合物的研究进展，为实现功能化的超分子聚合物的开发提供了理论积累。本书综合运用化学、材料等学科理论知识及交叉理论知识，系统介绍了冠醚、柱芳烃大环主客体识别，三联吡啶及其衍生物的金属配位，并利用自组装、自分类组装、正交自组装、竞争性自分类组装原理构筑了各种结构和功能的超分子聚合物。

本书共8章。第1章详细介绍大环化合物冠醚、柱芳烃，三联吡啶金属络合物的特点以及基于这些构筑基元组装的超分子聚合物的研究进展；第2章介绍基于冠醚与柱[5]芳烃自分类组装构筑超分子交替聚合物及制备分级材料；第3章介绍基于冠醚、柱芳烃的三单体法构筑可控的超分子超支化交替共聚物及多孔薄膜材料的制备；第4章介绍基于冠醚、柱芳烃的竞争性自分类组装实现超分子均聚物到共聚物的结构转化；第5章介绍利用冠醚和柱芳烃分级自组装实现超分子聚合物的结构转变即从超分子聚合物到荧光材料；第6章介绍基于柱芳烃和三联吡啶金属配位实现颜色可调控的荧光超分子超支化聚合物的制备；第7章介绍利用正交自组装和竞争性自分类组装实现冠醚和三联吡啶为基元的超分子聚合物的组装及聚合物的结构转化；第8章介绍基于冠醚、柱芳烃、三联吡啶多种非共价作用的自分类组装构建结构可控的超分子共聚物。

　　本书可供从事超分子化学、有机化学、高分子化学、无机化学等专业领域的研究人员等阅读，也可作为化学类专业高等院校师生的教学参考书。

　　在本书撰写过程中，得到了江西理工大学清江青年英才支持计划和清江学术文库的资助，并得到了相关同事及本人所辅导的研究生的支持及帮助，也得到了冶金工业出版社有限公司相关人员的帮助，在此一并表示感谢。

　　由于作者水平所限，书中疏漏和不妥之处，欢迎读者批评指正。

李 辉

2021 年 6 月

目　　录

1 绪 论

1.1 超分子聚合物概述

从 1967 年佩德森（Charles Pedersen）制备出第一个冠醚并发现它能与碱金属离子发生络合后[1]，这一类大环分子就因为其在分子识别方面的应用开始受到广泛的关注。随后美国化学家克拉姆提出了主客体化学的概念[2]，法国科学家杰马里·莱恩（Jean-Marie Lehn）在分子识别的研究中发现了分子相互识别的决定性因素并于 1978 年提出了超分子化学（supramolecular chemistry）的概念[3]。1987 年，诺贝尔化学奖授予了这三位科学家以奖励他们对超分子化学领域所做出的杰出贡献，这标志着超分子化学的发展进入了一个新的时代。近年来，超分子化学已经发展成为一门高度交叉的新兴学科，逐渐渗透到各个学科领域，例如医学、材料化学、生物化学、药学和信息学等多个领域[4,5]，并且引起了化学、物理、生物、医学和材料等领域广大研究者的广泛兴趣。

超分子化学的定义最早由法国化学家杰马里·莱恩提出：基于共价键存在着分子化学领域，基于分子组装体和分子间键而存在着超分子化学[6]。超分子是由分子通过非共价键作用聚集到一起的分子集合体。这些非共价键作用包括金属配位[7-10]、氢键[11-18]、π-π 堆积[19-21]和主客体作用[22-28]等。其中主客体化学是超分子化学研究的重要分支，由于其良好的选择性，高度的有效性以及简便的响应性，被广泛地用来构筑一些功能型的自组装结构。

在主客体化学发展的过程中，冠醚作为第一代的超分子主体对超分子化学的发展起着重要的推动作用[29-40]（见图 1.1）。冠醚和客体间的主客体作用为重要的非共价键作用，不仅可以用来模拟自然界的一些作用力，其识别体系也是构筑新材料的重要建筑单元。经历了多年的发展后，许多大环主体如环糊精[41-49]、杯芳烃[50-52]、葫芦脲[53-61]、柱芳烃[62,63]等相继被合成出来，这些大环主体化合物有着各自独特的结构和主客体化学性质。柱芳烃作为主客体化学中的新星是 2，5-二烷氧基苯通过亚甲基桥对位连接形成的严格的柱状分子[63]（见图 1.2），与其他大环化合物冠醚、环糊精、杯芳烃和葫芦脲相比有它自己的特点：柱芳烃刚性的结构且高度对称使其能选择性地与一些客体发生主客体反应，柱芳烃可根据体系的不同选择性地将柱芳烃功能化（水溶性或油溶性）。因此柱芳烃引起了超分子研究者的极大兴趣，被广泛应用于各种各样的超分子体系平台，包括轮烷、超分子聚合物、药物载体、化学传感器等。金属配位作为另一类重要的非共

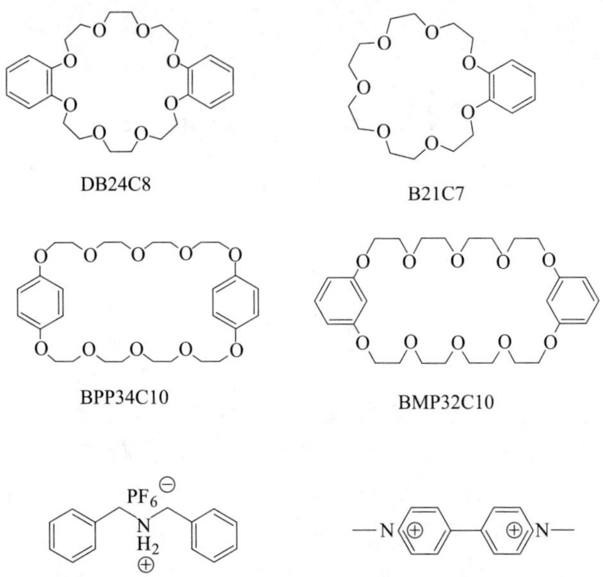

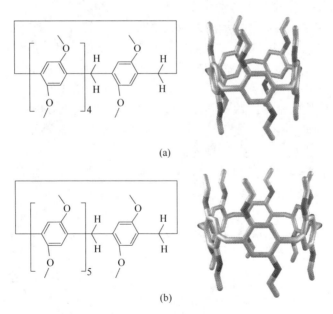

DB24C8

B21C7

BPP34C10

BMP32C10

图 1.1 冠醚及其胺盐结构

(a)

(b)

图 1.2 柱 [5] 芳烃和柱 [6] 芳烃结构

（a）柱 [5] 芳烃；（b）柱 [6] 芳烃

价键，具有良好的键合能力和高度的方向性。不同的配体能与不同的金属离子结合，其中有机—金属络合物在气体分离、催化、药物载体和生物成像等方面都有应用前景，这使它们在化学、生物学和材料科学领域具有非常重要的地位，并日益成为这些领域的研究热点。多联吡啶金属络合物在金属配位化学中占据着不可或缺的位置，常见的多联吡啶配体包括 2，2'-二联吡啶（bpy）和 2，2'：6'，2″-三联吡啶（tpy），Hosseini 就把 bpy 称为"最广泛应用的配体"，通过它们能制备出结构稳定的、各种构型的组装体，包括超分子聚合物。与其类似的具有三配位点的三联吡啶衍生物的合成及其金属络合物的研究同样是化学家研究的热点。针对本书的研究内容，本章将主要介绍冠醚和柱芳烃、三联吡啶及其衍生物相关的自组装及超分子聚合物研究进展。

1.2　基于冠醚构筑的线性超分子聚合物

超分子化学是近几十年来兴起的一门交叉学科，最早由法国化学家诺贝尔奖得主 Louis Pasteus 大学的莱恩提出。超分子聚合物是超分子化学与高分子化学学科发展相结合的产物。它的构筑主要是通过非共价键相互作用将小分子或聚合物连接到一起，形成具有特定结构或功能的聚集体。这些聚合物的结构包括线型[64-70]、支化型[71-75]和超支化型[76-80]、交联网络型[81,82]、星型[83-86]、线型-星型[87]和星型-线型-星型[88]等结构。超分子聚合物可以基于一种或多种非共价键作用以及它们的协同作用形成，这些相互作用包括氢键、主客体反应、π-π 堆积、金属配位、阳离子-π相互作用、范德华作用力等。由于非共价键的特性，超分子聚合物往往表现出对外界刺激的响应性，正是由于这种刺激响应性的特点使超分子聚合物在传感器、药物缓释、膜传递等方面表现出重要的应用价值。近年来，基于不同的组装单元和不同的架构及功能的超分子聚合物被不断报道出来。

Stoddart 等人最早尝试制备线性超分子聚合物[89-91]。为了得到线性超分子聚合物，Stoddart 等人为了最大地减少超分子聚合物的弯曲认为应该将单体的识别位点通过刚性的连接器连接。因此他们设计了一些刚性的单体来尝试制备线性超分子聚合物（见图 1.3），他们设计合成了一个主体单元（冠醚 DB24C8）与客体单元直接相接的单体 AB。这个单体能有效地发生分子间的络合，但是这类单体没有得到线性超分子聚合物而得到一种称为雏菊链的结构，这可能是主客体络合常数较低的原因。近来的研究表明短的刚性连接并不利于线性超分子聚合物的生成[89-91]。Gibson 等人研究了此类组装的 MALDI-TOF 实验，发现除了主要二聚组装外，还有少量的三聚、四聚、五聚、六聚体产生。随后 Stoddart 等人设计了一个类似的 AB 型带有更大环的单体，他们发现二聚体能通过 π-π 堆积及 C-H……O 氢键而稳定存在于固态，同时质谱数据也揭露存在三聚体、四聚体等。

因为浓度对超分子聚合物起着很大的作用，为了研究浓度对超分子聚合的影响，随后 Gibson 等人合成了一系列单体并研究了其在较高浓度下的自组装行为[92,93]。他们首先合成了一个 AB 型的单体，如图 1.4（a）所示，AB 型单体一

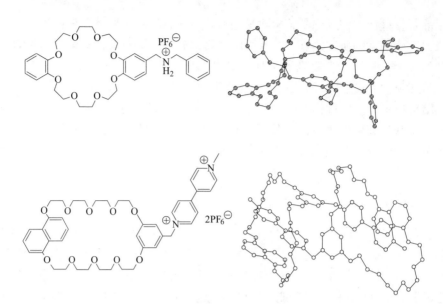

图 1.3 AB 型单体的化学结构

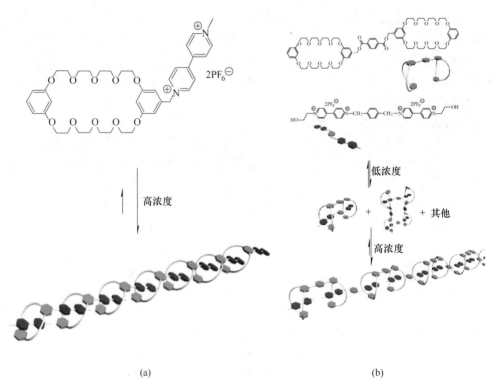

(a)   (b)

图 1.4 超分子线性聚合物构筑示意图

（a）基于 AB 型单体；（b）基于 AA+BB 型单体

端包含一个双间苯并 32 冠 10（BMP32C10），另一端连有一个百草枯（paraquat）基团。并且发生单体 AB 在较高的浓度（2mol/L）能组装成聚合度为 50 的超分子聚合物，对应于聚合物分子量为 51kg/mol，他们通过冷冻干燥这种超分子聚合物得到了一个橘红色的固体物质。

随后他们合成了几种 AA/BB 型的单体（AA 或 BB 指一个单体包含两个 A 基团或 B 基团）[94]。如图 1.4（b）所示，与 AB 型单体相比，AA-BB 型单体的临界聚合浓度更低，在相同的浓度下能形成更大的超分子聚合物。例如在 60.3mmol/L 浓度时，AA-BB 型单体能自组装成平均分子量可达 83.8kg/mol 的线性超分子聚合物。他们合成的另一种 AA-BB 型单体（见图 1.5），通过核磁共振、黏度等表征手段也证明其在较高的浓度下能组装成超分子聚合物。

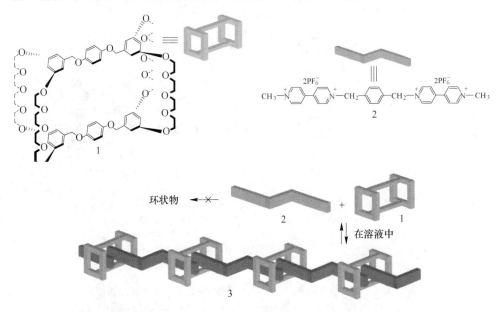

图 1.5　基于 AA+BB 型单体形成线性超分子聚合物示意图

Gibson 等人设计合成了含有两个 BMP32C10（穴醚）功能基团的 AA 型单体 3 和以二茂铁桥接的单体 4，以及含有两个百草枯基团的 BB 型单体 5[95]。单体 3 与 5，单体 4 与 5 在溶液都能自组装形成超分子线性聚合物（见图 1.6）。在较高的浓度下，单体 3 与 5 形成超分子聚合物后通过外力作用能直接拉出丝状的纤维并且上述超分子聚合物可以制成黄色薄膜。这些超分子聚合物展现出与传统共价型高分子聚合物相类似的材料性质。

除了利用一种非共价键来构筑超分子聚合物外，将两种或两种以上的非共价键反应引入一个超分子系统不仅能大大地丰富超分子聚合物的种类，也能有效地拓展聚合物的功能性。黄飞鹤等人利用自分类组装制备了一种线性超分子交替共

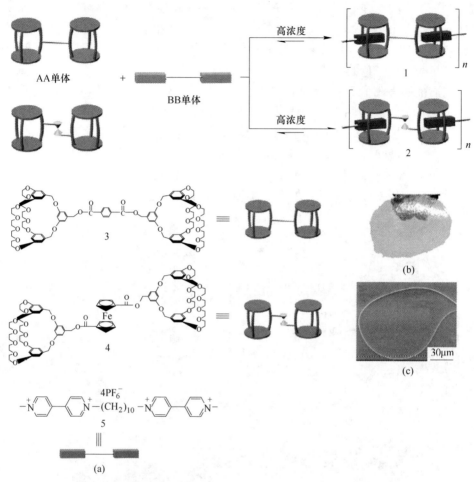

图1.6　超分子聚合物的形成及由聚合物制备的纤维、薄膜图
（a）由 AA+BB 构筑的超分子聚合物；（b）从 AA+BB 型溶液中拉出的纤维；
（c）从 AA+BB 型溶液中投掷的薄膜

聚物，他们首先合成了两个 AB 型的单体 1 和 2，单体 1 一端连有一个 DB24C8 基团，另一端连有一个百草枯基团（见图 1.7），单体 2 含有一个 BPP34C10 基团和一个 DBA 基团，两个 AB 型单体由于都不具有互补性络合不能自组装成线性超分子聚合物，但是将 1 和 2 等摩尔混合后，由于 DB24C8 基团与 DBA 基团及 BPP34C10 基团与百草枯基团的自分类络合得到了一种超分子线性交替共聚物 3[96]。他们通过氢谱、动态光散射实验、扫描电镜、循环伏安法和增比黏度等表征手段证实了该超分子线性交替共聚物结构，并且在高浓度下能利用该聚合物抽出几微米的纳米纤维，进一步证明了高分子量的聚合物的形成。

王乐勇等人将四重氢键作用与冠醚主客体络合作用相结合制备了一种超分子

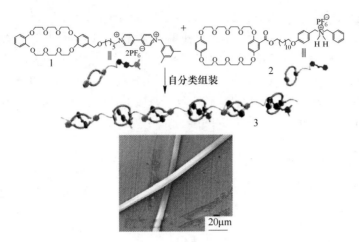

图 1.7 通过自分类方法形成的超分子交替共聚物示意图及
基于该聚合物在高浓度下拉出的纤维

聚合物[97]。他们首先合成了两个 AB 型的单体 M1 与 N1（见图 1.8）：单体 M1 包含一个 UPy 基团和百草枯基团，单体 N1 两端分别连有一个 UPy 基团和一个冠醚基团。将两种单体等摩尔混合后，由于 UPy 与 UPy 能发生四重氢键作用，而冠醚基团与百草枯基团产生主客体络合作用，并且这两种非共价键作用没有相互干涉（正交），单体能通过两种非共价键反应组装成线性超分子聚合物。他们也发现单体的起始浓度对超分子聚合物的聚合度有重要影响而表现出深度依赖性。基于多种非共价键反应制备的超分子聚合物逐渐成为制备超分子聚合物的重要方法。

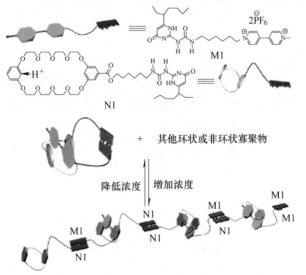

图 1.8 单体 M1+N1 通过正交自组装形成超分子共聚物示意图

随后王乐勇等人将 B21C7 与 UPy 基团键接到同一个单体上，同时合成了一个双二级铵盐官能团单体[98]。将这两种单体混合后，UPy 与 UPy 产生四氢键作用，同时产生 B21C7 与二级铵盐的主客体络合，这两种非共价键识别通过"正交"的方式促使单体自组装成超分子线性聚合物（见图 1.9）。在一个浓缩的溶液中基于这种超分子线性聚合物能拉出丝状纤维。此外，他们还演示了加入或移除钾离子能实现超分子线性聚合物的解组装与重组装。

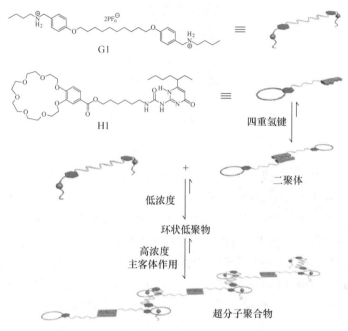

图 1.9　单体 H1+G1 通过正交自组装形成超分子共聚物示意图

除了将两种非共价键反应引入一个超分子系统外，超分子化学家也研究了将多种非共价键整合到一个超分子聚合物系统里，Stang 等人利用分级自组装发展了一种线性长棱型的机构互锁的超分子聚合物（见图 1.10），这种超分子聚合物整合了多种非共价键反应包括冠醚主客体反应、金属配位以及多重氢键识别[99]。他们发现采用有机金属铂杂环与轮烷相结合的方式作为超分子聚合物骨架能有效抑制环性寡聚物，从而提升线性聚合物聚合效率，一些长的杆状纤维能从这些聚合物溶液里直接拉出。

除了以准聚轮烷状的线型超分子聚合物外，另一类机械互锁的线性超分子聚合也引起了研究者的兴趣，机械互锁型超分子聚合物是指重复单元机械地连接。相比于动态可逆的准轮烷型超分子聚合物，机械互锁型超分子聚合物能表现出更稳定的特性；另一方面，与传统的共价键聚合物相比，机械互锁性超分子聚合物又能表现出动态变化性。到现在为止，研究者尝试了多种各样的方法来制备机械

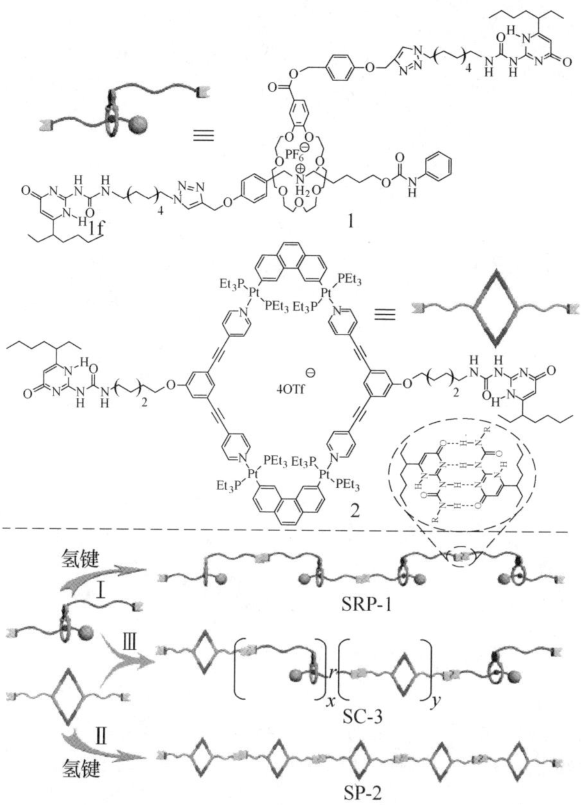

图 1.10　基于分级自组装构筑机构互锁超分子聚合物示意图

互锁型超分子聚合物,例如"维蒂希交换法""穿入然后膨胀法"等。Stoddart 等人为了实现将化学刺激转化为机械运动的目的将一些[c2]雏菊链聚合得到了机械互锁的超分子聚合物(见图 1.11),他们首先合成了功能化的机械互锁的[c2]雏菊链 1,这些互锁型的结构在外部的刺激下能展现可逆的伸缩运动[100]。[c2]雏菊链 1 上的炔基与含两个叠氮基的化合物通过"点击"反应得到了一个线性机械互锁的聚合物 2,体积排阻色谱(SEC)分析表明这个聚合物的数均分子量达到 32.9kg/mol,平均每个聚合物链由 11 个重复单元组成。通过氢谱和紫外可见光吸收光谱发现这种机械互锁型超分子聚合物加入酸或碱能导致聚合物的伸展与收缩,类似于人的肌肉运动。

　　Takata 等人利用一种"复滑移"的方法制备了一种机械互锁聚合物[101]。首先他们合成了两个单体:双冠醚官能团的 1 和双铵盐的 2(见图 1.12),将图中 1 与 2 混合后加热溶液,2 上的铵盐基团能穿入 1 上的冠醚环里,冷却溶液后这种分子间锁定的结构被"冻住"了,得到一个动力学稳定的聚轮烷状的组装体。类似地他们还利用可逆的硫醇—二硫化物 3 交换反应与 1 基于同种主客体系统得

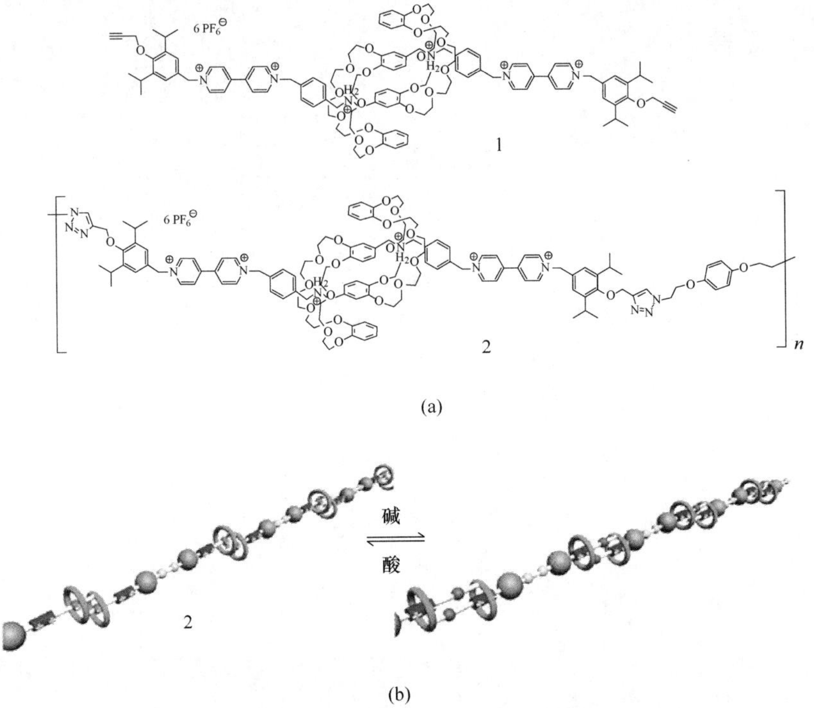

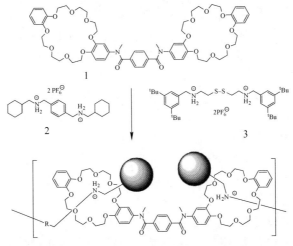

图 1.11 雏菊链分子结构及转化示意图

（a）［c2］形雏菊链 1 及聚［c2］形雏菊链 2 分子结构；（b）聚［c2］形雏菊链 2 的酸碱转化过程

到了机械互锁的超分子聚合物，这种聚合物的聚合度估计能达到 29，而加入 PBu_3 和水能导致这些聚合物发生完全的降解。

图 1.12 基于"复滑移"方法构筑机械互锁超分子聚合物

1.3 基于冠醚构筑的超支化及树状聚合物

超分子化学家根据拓扑聚合物的概念比如线性、星状、超支化、交联等设计出不同的聚合物前驱体，最终组装成各种架构的超分子聚合物。例如在单体中引入多个冠醚可以得到星状、超支化状的聚合物。Gibson 等人设计了一个含有一个冠醚（BPP34C10）和两个阳离子基团（paraquat，百草枯）的 AB$_2$ 型单体（见图1.13），这种 AB$_2$ 型单体在乙腈溶液中通过 BPP34C10 与 paraquat 的分子识别在较高浓度下能够自组装成超分子超支化聚合物[102]。

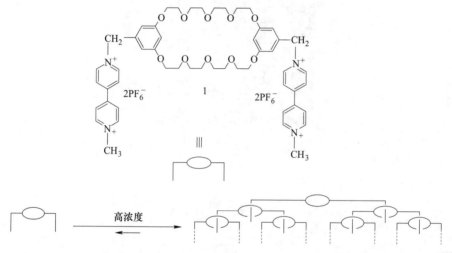

图 1.13 基于 AB$_2$ 型单体自组装形成超分子超支化聚合物示意图

卜伟锋等人设计了两个不对称 AB$_2$-1 与 AB$_2$-2 的单体（见图1.14），AB$_2$-1 包含了两个 DB24C8 基团和一个 DBA 基团，而 AB$_2$-2 由两个 DBA 基团和一个 DB24C8 基团组成[103]。AB$_2$-1 与 AB$_2$-2 在二氯甲烷中都能自组装成超分子超支化聚合物，不同的是 AB$_2$-1 组装成的超支化聚合物的透射电镜形态是胶束形态，而 AB$_2$-2 形态为囊泡形态。这两种聚合物因为 π-π 堆积效应的不同表现出不同的荧光光谱，AB$_2$-2 由于外围存在更多 DBA 基团（含更多的苯环）π-π 堆积效应相比于 AB$_2$-1 更强，在聚合后荧光发射光谱相比于单体得到了明显的加强。

与超分子线性聚合物类似，超分子超支化聚合物也可将多种非共价键反应整合到一个系统中。曲大辉等人将冠醚主客体识别与多重氢键结合起来，构筑了一种超分子超支化聚合物[104]。这种超分子聚合物由 3 个单体组成：带有 3 个三聚腈胺基团的单体 1，包含一个 DB24C8 冠醚和一个双酰亚胺的 2，带有两个 DBA 基团的 3（见图1.15）。1 与 2 通过氢键识别作用形成一个三臂络合物 SO-4，SO-4 再通过冠醚与铵盐的主客体识别组装成超分子超支化聚合物。

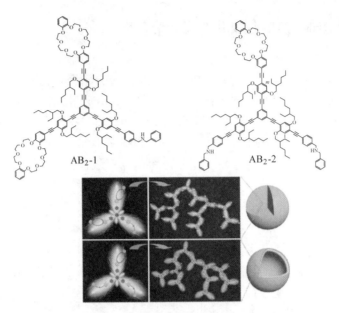

图 1.14 AB$_2$-1 及 AB$_2$-2 型超分子聚合分别得到胶束及囊泡性形态

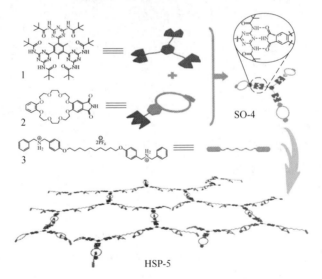

图 1.15 基于单体 1、2、3 非共价键反应形成的超分子聚合物 HSP-5 示意图

　　除了以上动态可逆的准轮烷型超分子超支化聚合物外，另一类机械互锁型超分子超支化聚合物也被研究并报道。黄飞鹤课题组利用乙撑基双吡啶盐与双苯并24 冠 8 的主客体识别作用，在丙酮溶液中制备了一个机构互锁型超分子超支化聚合物[105]。他们首先合成了一个末端带有酰氯的冠醚单体和一个两端带有羟基的乙撑基双吡啶盐的单体（见图 1.16），在溶液中两个单体发生络合形成互穿结

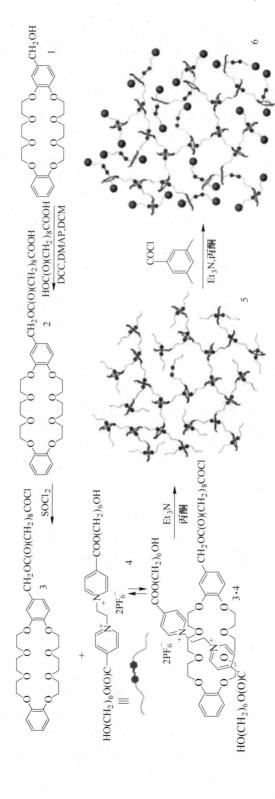

图 1.16 轮烷状的超分子超支化机械互锁型聚合物形成示意图

构的准轮烷后，接着加入碱促使羟基和酰氯发生酯化反应，最后加入含有酰氯的封端基团，得到了一种机构互锁的超分子超支化聚合物。

Stoddart 等人还合成了一个末端带有二级铵盐的树状大分子单体和一个侧链冠醚功能化的聚苯乙烯主链[106]。将二级铵盐单体与冠醚功能化的聚苯乙烯以一定比例混合后，他们研究了聚合物的构象变化，发现随着树枝状的二级铵盐单体的比例增加，聚合物骨架的伸展度获得了增加（见图 1.17），而由于冠醚主客体络合对 pH 值及温度的敏感性，这个聚合物的构象转化也可以通过调节 pH 值或温度来实现。

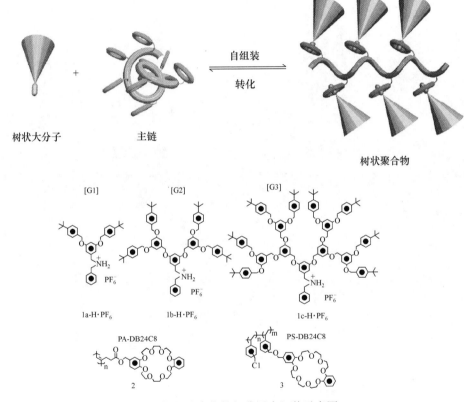

图 1.17　树状聚合物的超分子自组装示意图

1.4　基于柱芳烃构筑的线性超分子聚合物

大环主客体识别是超分子化学的重要研究内容之一，每一种新大环主体的出现，都会产生新的主客体识别体系，从而丰富超分子化学的内容及加快超分子化学的发展。2008 年一类新的大环主体分子柱芳烃被报道，它成为继冠醚、环糊精、杯芳烃和葫芦脲之后又一大环分子[63]。柱芳烃不仅能与合适尺寸的阳离子发生主客体反应，也能与很多中性客体发生络合，经过修饰的柱芳烃还能与阴离子性客体发生主客体络合，因此柱芳烃及柱芳烃基于的主客体化学引起了超分子研究者的极大兴趣，被广泛应用于各种各样的超分子体系平台，包括轮烷、超分子聚合物、药物载体、化学传感器等领域。

Stoddart 等人合成了一个侧链带有紫罗碱的柱［5］芳烃衍生物单体（见图1.18），这个单体在较稀的浓度下能形成自包裹的雏菊链状的寡聚物[107]。随着浓度慢慢增加，线性组装逐渐增多，在75mmol 浓度下，动态光散射实验观察到一个平均半径 8nm 左右的组装体，分子模型显示在此浓度下组装体由 4 个或 5 个单体组装而成，并且这种组装体在室温下放置一段时间会慢慢形成凝胶。

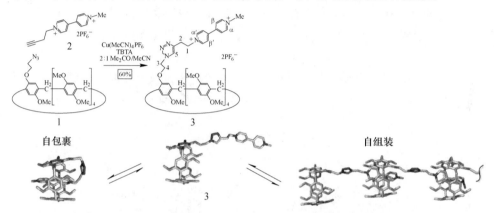

图 1.18　AB 型单体在稀溶液形成自包裹络合物及在高浓度下形成寡聚物示意图

李春举等人利用中性客体与柱芳烃的识别还制备了一种雏菊状的线性交替共聚物[108]。他们首先合成了一个 AB₂ 型的单体（见图 1.19），由于这种 AB₂ 型单

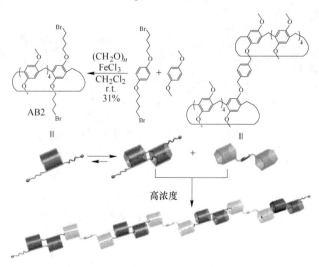

图 1.19　化合物的化学结构及超分子聚合物形成示意图

体拥有较刚性的柱型结构及较短的含溴的中性客体，在自组装过程中能有效抑制分子内的自包裹反应及不规则的超支化聚合物的形成，两个 AB$_2$ 型的单体能自络合形成分子间的雏菊状的二聚体，这种二聚体由于外围还存有两个识别位点，能与另一个大环柱［5］芳烃二聚体（BB 型）进一步络合，在较高的浓度下组装成线性的交替共聚物，并能拉出几微米的纤维。

杨英威等人利用中性客体与柱［5］芳烃的络合设计了一种发黄色荧光的线性超分子聚合物[109]。他们首先合成了两个单体 DSA-(P5)$_2$ 和 NG$_2$ 及两个模型化合物 NG$_1$ 和 DSA-(monomer)$_2$，DSA-(P5)$_2$ 由 DSA 桥接两个柱［5］芳烃组成，NG$_2$ 包含两个三氮唑中性客体基团（见图 1.20）。在较高的浓度下 DSA-(P5)$_2$ 与 NG$_2$ 能自组装成超分子线性聚合物，并且与单体相比荧光强度得到了增强，与聚合物相比模型化合物 DSA-(monomer)$_2$ 及 NG1-DSA(P5)$_2$ 络合物荧光没有任何变化，证明了荧光增强是通过超分子聚合诱导来实现的，另一方面这种改变荧光发射强度的方法也与传统的通过改变溶剂来调节荧光的做法不同。

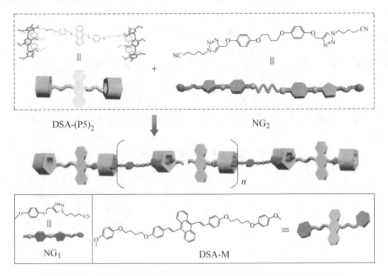

图 1.20　单体的化学结构及线性超分子聚合物形成示意图

杨清正等人设计合成一个以二苯基乙烯衍生物为侧链的柱芳烃单体（见图 1.21），这种反式的二苯基乙烯基团在 365nm 波长光照射下能转化为顺式结构，而采用 387nm 光照射顺式结构又能转化为反式结构[110]。顺序结构的单体在溶液中倾向于形成［1］准轮烷或［c2］雏菊链状结构，而反式结构的单体在溶液中倾向于自组装成超分子线性聚合物，这种线性的聚合物聚合度也可以通过调节溶液的 pH 值而实现可逆的转化。

柱芳烃除了能与二级铵盐络合外，还能与三级铵盐、四级铵盐络合。不同的是 Ogoshi 等人发现在氘代氯仿中四级铵盐与柱［5］芳烃络合主要得到自包裹的

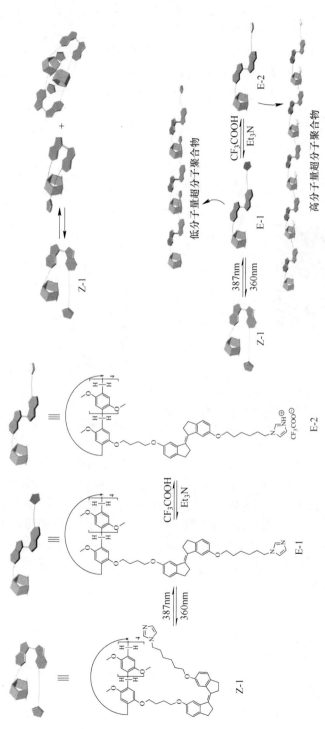

图 1.21 单体 Z-1 和 E-1、E-2 的化学结构及超分子聚合过程示意图

络合物[111]，而三级铵盐或二级铵盐与柱［5］络合能得到超分子聚合物。杨英威等人合成了一个三级铵盐功能化的柱［5］芳烃单体（见图 1.22），这种单体在氯仿溶液中稀溶液状态下主要得到［c2］雏菊链状的络合物，在较高的浓度下能自组装成线性超分子聚合物，这种超分子聚合物对酸碱、温度、抗衡离子等多种外部刺激表现出响应性，他们还通过静电纺丝实验基于这种超分子聚合物得到了一种空心的纳米纤维[112]。

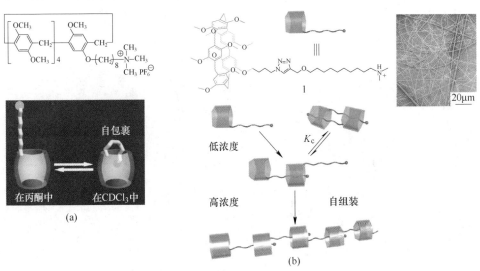

图 1.22　超分子结构及超分子聚合物的形成示意图

（a）溶剂依赖性单体；（b）单体 1 在低浓度下的自聚集及在高浓度下自组装行为

李春举等人整合了 π-π 堆积与柱芳烃主客体反应制备了一种内外绑定的超分子聚合物[113]。他们合成了三种单体：富电子性的丁基柱［5］芳烃 1，缺电子的化合物 2 及一个三氮唑型的客体二聚体，他们通过 X 射线单晶分析发现富电子性的 1 与缺电子型的 2 能通过 π-π 堆积及多个 C—H—O(N) 作用而形成一个 2∶1 型（化学计量比）的三明治式络合物，在加入带有三氮唑的中性客体二聚体后，柱芳烃与中性客体发生主客体反应得到一个线性的超分子聚合物（见图 1.23）。这种整合了 π-π 堆积与主客体反应的超分子聚合物能通过静电纺丝得到几百微米长的纤维。

史兵兵等人将柱芳烃主客体化学与给-受体反应相结合，制备了一种超分子聚合物[114]。他们首先合成了一个芘功能化的柱［5］芳烃 1、NDI 及含 2 个三氮唑基团的中性客体 2，因为 1 与 NDI 之间存在强的 π-π 堆积反应能形成一个中间体，加入 2 后能得到一个荧光的线性超分子聚合物（见图 1.24）。这种线性的超分子聚合物在一个高浓度下（200mmol/L）通过加热和冷却的方法能形成胶状黏稠液体。

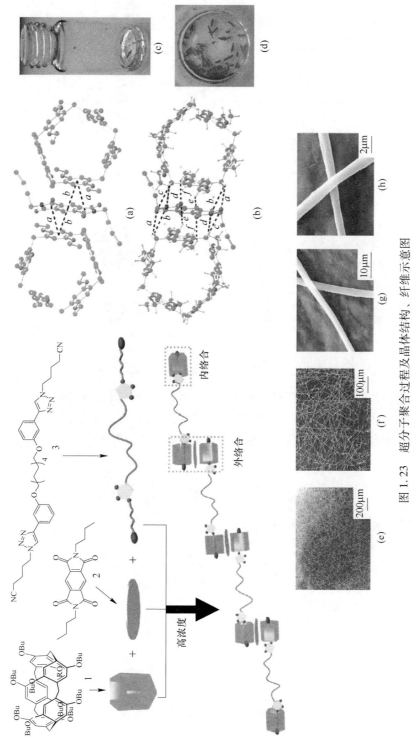

图 1.23 超分子聚合过程及晶体结构、纤维示意图

(a)、(b) EtP5A$_2$-2 晶体；(c) ~ (h) 基于该超分子聚合物的静电纺丝纤维

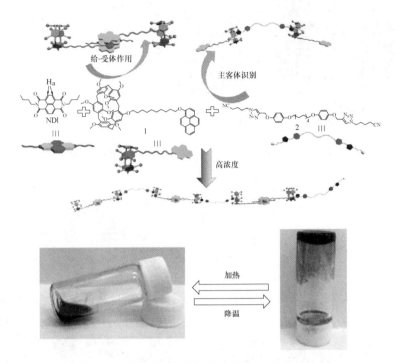

图 1.24 线性超分子聚合物的形成及相转化示意图

杨清正等人制备了一种光响应和热响应的超分子聚合物,他们首先合成了一种蒽功能化的柱[5]芳烃 1(见图 1.25),蒽在光的照射下能发生[4+4]环加成,将 1 与咪唑型的二聚体混合后在光的照射下能形成超分子聚合物[115]。这种

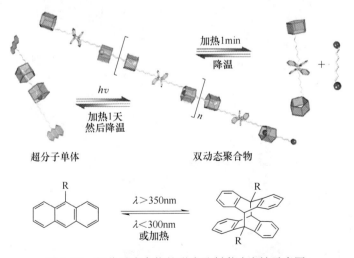

图 1.25 超分子聚合物的形成及刺激响应性示意图

超分子聚合物通过不同的加热时间可以实现不同的解组装，加热 1min 左右因柱芳烃主客体反应的温度响应性而实现聚合物解组装。而通过加热一天以上 [4+4] 环加成部分显著分解成原始的蒽而导致超分子聚合物的降解，降解后通过光照又能重新形成超分子聚合物。这种双控的超分子聚合物有望在智能材料设计方面提供思路。

除了常用的柱 [5] 芳烃能用来构筑超分子聚合物外，其他一些不同空腔大小的柱芳烃主客体也可以作为超分子聚合物的构筑基元。Ogoshi 利用柱 [5] 芳烃与柱 [6] 芳烃对不同客体的选择性识别，制备了一种超分子交替共聚物[116]。他们合成了两种不同的单体：吡啶阳离子功能化的柱 [5] 芳烃 5 与 DABCO 阳离子功能化的柱 [6] 芳烃 6，他们仔细研究了这两种阳离子与柱 [5] 芳烃、柱 [6] 芳烃的络合，吡啶阳离子能与柱 [5] 芳烃较好地发生络合，而 DABCO 因为与柱 [5] 芳烃的尺寸不匹配而不能发生络合（见图 1.26）。另一方面，吡啶阳离子因为柱 [6] 芳烃的空腔更大与柱 [6] 芳烃的络合能力较弱，而 DABCO 能较好地与柱 [6] 芳烃发生络合。因此结合这些络合特点，将单体 5 与 6 混合溶于氯仿后这两种单体能自分类组装成超分子交替共聚物。

1.5 基于柱芳烃构筑的交联和超支化超分子聚合物

王乐勇等人将能量传递机理与超分子聚合过程相结合制备了一种荧光共振能量传递的超分子聚合物，这种超分子聚合物能用来模拟自然界的光合作用[117]。他们首先制备了一个氟硼吡啶桥接的柱 [5] 芳烃二聚体 H，以及两个带有氟硼吡啶的客体分子 G1 与 G2（见图 1.27）。H 与 G1 与 G2 在溶液中分别能形成 AA-BB 线性与 A_2-B_3 型的超支化超分子聚合物。由于 H 的荧光发射发谱与 G1 的吸收光谱有较好的重叠（G2 的重叠性相对差些），因此采用适当的激发波长激发 H 时，能发生 H 到 G1(G2) 的能量传递过程。他们通过计算发现 H-G1 超分子聚合物体系能量传递效率为 51%，H-G2 超分子聚合物体系能量传递效率达到 63%。

1.6 基于三联吡啶及其衍生物金属配位构筑超分子聚合物

受生物自组装过程的启发，超分子化学家致力于研究分子间的非共价相互作用来构建具有所需功能的复杂组装体[118-120]。作为一种方向性强的非共价反应，金属配位可制备结构复杂的组装体，且在化学、材料等多个领域具有广泛的应用价值[121]。

三联吡啶金属超分子聚合物是通过三联吡啶配体与金属离子间的相互作用，将有机小分子或有机小分子片段连接在一起形成的聚集体。Rehahn 等人设计并

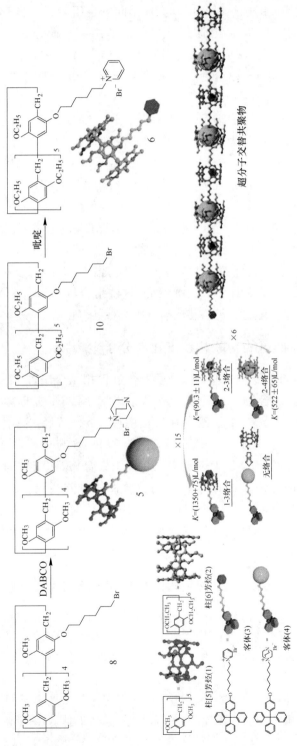

图 1.26　单体 5 和 6 的化学结构及基于 5 和 6 组装的超分子交替共聚物示意图

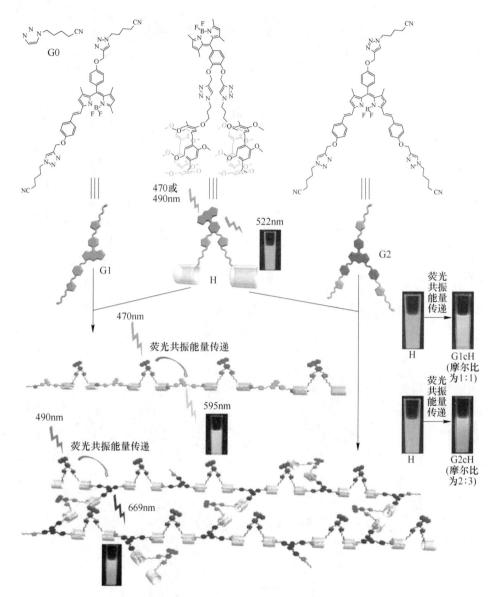

图1.27 两种具有能量传递功能的超分子聚合物形成示意图

合成了包含两个三联吡啶基团的配体 1 和 2 （见图1.28）。单体 1 能通过三联吡啶与金属钌（Ⅲ）离子的配位作用形成线性超分子聚合物 3[122]。作为对比，单体 2 中能形成寡聚物。

Terech 等人报道了一种金属超分子凝胶的制备[123]。基于双三联吡啶基的单体（CHTT）与不同金属离子配位自组装构建金属超分子聚合物及凝胶（见图1.29），他们用紫外可见光谱、循环伏安法、黏度测量、流变性测试等表征手段

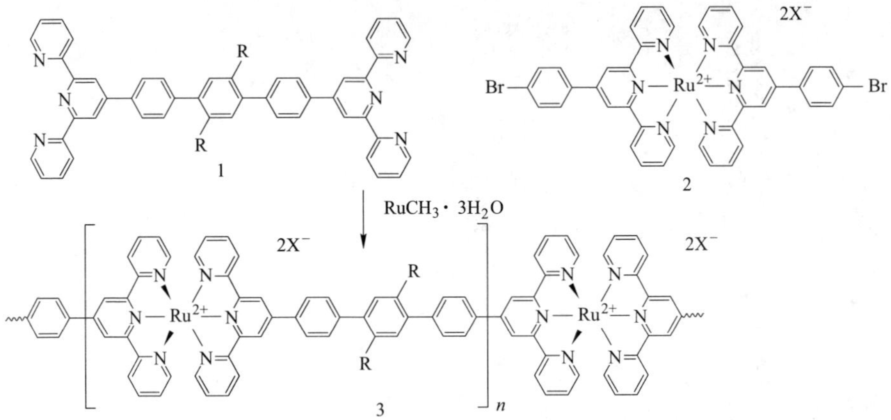

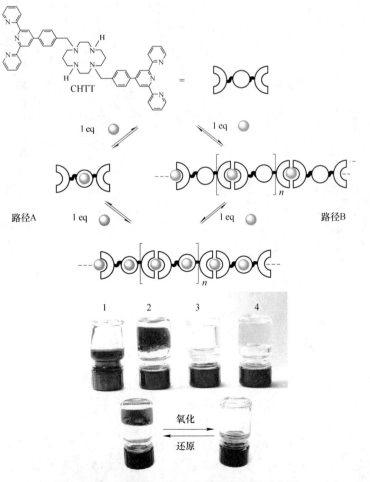

图 1.28 单体 3 的结构式及构筑的线性金属超分子聚合物

图 1.29 金属超分子聚合物及凝胶构筑示意图

对聚合物体系进行了测试，发现 CHTT 与钴（Ⅱ）金属离子配位形成的金属超分子凝胶可通过电化学控制实现其溶胶-凝胶相转化。

Andersen 等人设计并合成一种末端含三联吡啶基的四臂聚乙二醇聚合物配体，基于三联吡啶与镧系金属离子的强配位作用构建了金属超分子聚合物凝胶[124]。如图 1.30 所示，他们发现向聚合物配体中添加 Tb（Ⅲ）离子后，凝胶能产生显著的绿色荧光发射，而向聚合物配体中加入 Eu（Ⅲ）离子后，凝胶产生红色荧光发射。此外，他们还通过调节 Tb（Ⅲ）离子与 Eu（Ⅲ）离子的摩尔配比，制备出呈现白光发射的凝胶。因此，这种凝胶可通过改变镧系金属离子的种类和配比来实现凝胶的荧光可控调节。

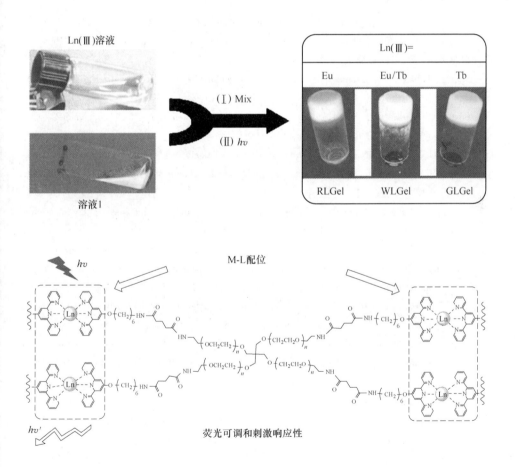

图 1.30 金属超分子聚合物的构筑及凝胶的荧光调控示意图

参 考 文 献

[1] Pedersen C J. Cyclic polyethers and their complexes with metal salts [J]. Journal of the American Chemical Society, 1967, 89 (26): 7017-7036.

[2] Cram D J, Cram J M. Host-Guest Chemistry: complexes between organic compounds simulate the substrate selectivity of enzymes [J]. Science, 1974, 183 (183): 803-809.

[3] Lehn J. Supramolecular chemistry—scope and perspectives molecules, supermolecules, and molecular devices [J]. Angewandte Chemie-International Edition, 1988, 27 (1): 89-112.

[4] Lehn J M. Cryptates: inclusion complexes of macropolycyclic receptor molecules [J]. Pure and Applied Chemistry, 1978, 50 (9-10): 871-892.

[5] Lehn J. Supramolecular polymer chemistry——scope and perspectives [J]. Polymer International, 2002, 51 (10): 825-839.

[6] Lehn J M. 超分子化学——概念和展望 [M]. 北京: 北京大学出版社, 2002.

[7] Gohy J. Metallo-supramolecular block copolymer micelles [J]. Coordination Chemistry Reviews, 2009, 253 (17-18): 2214-2225.

[8] Gohy J, Lohmeijer B, Schubert U. From supramolecular block copolymers to advanced nano-objects [J]. Chemistry-A European Journal, 2003, 9 (15): 3472-3479.

[9] Fustin C, Guillet P, Schubert U, et al. Metallo-supramolecular block copolymers [J]. Advanced Materials, 2007, 19 (13): 1665-1673.

[10] Wang H, Lin W, Fritz K, et al. Cylindrical block co-micelles with spatially selective functionalization by nanoparticles [J]. Journal of the American Chemical Society, 2007, 129 (43): 12924, 12925.

[11] Sessler J, Wang R. A new base-pairing motif based on modified guanosines [J]. Angewandte Chemie-International Edition, 1998, 37 (12): 1726-1729.

[12] Corbin P, Zimmerman S. Self-assembly mediated by the donor-donor-acceptor · acceptor-acceptor-donor (DDA · AAD) hydrogen-bonding motif: Formation of a robust hexameric aggregate [J]. Journal of the American Chemical Society, 1998, 120 (35): 9092, 9093.

[13] Lange R, Gurp M, Meijer E. Hydrogen-bonded supramolecular polymer networks [J]. Journal of Polymer Science Part A-polymer Chemistry, 1999, 37 (19): 3657-3670.

[14] Sijbesma R, Beijer F, Brunsveld L, et al. Reversible polymers formed from self-complementary monomers using quadruple hydrogen bonding [J]. Science, 1997, 278 (5343): 1601-1604.

[15] Lehn J. From supramolecular chemistry towards constitutional dynamic chemistry and adaptive chemistry [J]. Chemical Society Reviews, 2007, 36 (2): 151-160.

[16] Cantekin S, Greef T, Palmans A. Benzene-1, 3, 5-tricarboxaminde: a versatile ordering moiety for supramolecular chemistry [J]. Chemical Society Reviews, 2012, 41 (18): 6125-6137.

[17] Cheng C C, Chang F C, Yen H C, et al. Supramolecular assembly mediates the formation of single-chain polymeric nanoparticles [J]. ACS Macro Letters, 2015, 4 (10): 1184-1188.

[18] Kai P, Altintas O, Schmidt F G, et al. Entropic effects on the supramolecular self-assembly of

macromolecules [J]. ACS Macro Letters, 2015, 4 (7): 774-777.

[19] Burattini S, Greenland B, Merino D, et al. A healable supramolecular polymer blend based on aromatic π-π stacking and hydrogen-bonding interactions [J]. Journal of the American Chemical Society, 2010, 132 (34): 12051-12058.

[20] Fang R, Liu Y, Wang Z, et al. Water-soluble supramolecular hyperbranched polymers based on host-enhanced π-π interaction [J]. Polymer Chemistry, 2013, 4 (4): 900-903.

[21] Sadhukhan D, Maiti M, Pilet G, et al. Hydrogen bond, π-π, and CH-π interactions governing the supramolecular assembly of some hydrazone ligands and their MnII complexes-structural and theoretical interpretation [J]. European Journal of Inorganic Chemistry, 2015, 2015 (11): 1958-1972.

[22] Hirschbiel A F, Konrad W, Schulze-Sünninghausen D, et al. Access to multiblock copolymers via supramolecular host-guest chemistry and photochemical ligation [J]. ACS Macro Letters, 2015, 4: 1062-1066.

[23] Yang L, Bai Y, Tan X, et al. Controllable supramolecular polymerization through host-guest Interaction and photochemistry [J]. ACS Macro Letters, 2015, 4 (6): 611-615.

[24] Yang K, Pei Y, Wen J, et al. Recent advances in pillar [n] arenes: synthesis and applications based on host-guest interactions [J]. Chemical Communications, 2016, 52 (60): 9316-9326.

[25] Wurm F, Frey H. Linear-dendritic block copolymers: the state of the art and exciting perspectives [J]. Progress in Polymer Science, 2011, 36 (1): 1-52.

[26] Zou J, Guan B, Liao X, et al. Dual reversible self-assembly of PNIPAM-based amphiphiles formed by inclusion complexation [J]. Macromolecules, 2009, 42 (19): 7465-7473.

[27] Tao W, Liu Y, Jiang B, et al. Linear-hyperbranched supramolecular amphiphile and its self-assembly into vesicles with great ductility [J]. Journal of the American Chemical Society, 2012, 134 (2): 762-764.

[28] Qi Z, Achazi K, Haag R, et al. Supramolecular hydrophobic guest transport system based on pillar [5] arene [J]. Chemical Communications, 2015, 51 (51): 10326-10329.

[29] Zheng B, Zhang M, Yan X, et al. Threaded structures based on the benzo-21-crown-7/secondary ammonium salt recognition motif using esters as end groups [J]. Organic & Biomolecular Chemistry, 2013, 11 (23): 3880-3885.

[30] Wei P, Yan X, Huang F. Reversible formation of a poly [3] rotaxane based on photo dimerization of an anthracene-capped [3] rotaxane [J]. Chemical Communications, 2014, 50 (91): 14105-14108.

[31] Ji X, Jie K, Zimmerman S, et al. A double supramolecular crosslinked polymer gel exhibiting macroscale expansion and contraction behavior and multistimuli responsiveness [J]. Polymer Chemistry, 2015, 6 (11): 1912-1917.

[32] Chen L, Tian Y K, Ding Y, et al. Multistimuli responsive supramolecular cross-linked networks on the basis of the benzo-21-Crown-7/secondary ammonium salt recognition motif [J]. Macromolecules, 2012, 45 (20): 8412-8419.

[33] Zhang M, Xu D, Yan X, et al. Self-healing supramolecular gels formed by crown ether based host-guest interactions [J]. Angewandte Chemie-International Edition, 2012, 51 (28): 7011-7115.

[34] Jiang W, Nowosinski K, Löw N L, et al. Chelate cooperativity and spacer length effects on the assembly thermodynamics and kinetics of divalent pseudorotaxanes [J]. Journal of the American Chemical Society, 2012, 134 (3): 1860-1868.

[35] Ge Z, Hu J, Huang F, et al. Responsive supramolecular gels constructed by crown ether based molecular recognition [J]. Angewandte Chemie-International Edition, 2009, 48 (10): 1798-1802.

[36] Li S L, Xiao T, Lin C, et al. Advanced supramolecular polymers constructed by orthogonal self-assembly [J]. Chemical Society Reviews, 2012, 41 (18): 5950-5968.

[37] Zhang M, Li S, Dong S, et al. Preparation of a daisy chain via threading-followed-by-polymerization [J]. Macromolecules, 2011, 44 (24): 9629-9634.

[38] Lestini E, Nikitin K, Müller-Bunz H, et al. Introducing negative charges into bis-p-phenylene crown ethers: a study of bipyridinium-based [2] pseudorotaxanes and [2] rotaxanes [J]. Chemistry-A European Journal, 2008, 14 (4): 1095-1106.

[39] Liu D, Wang D, Wang M, et al. Supramolecular organogel based on crown ether and secondary ammoniumion functionalized glycidyl triazole polymers [J]. Macromolecules, 2013, 46 (11): 4617-4625.

[40] Ji X, Li J, Chen J, et al. Supramolecular micelles constructed by crown ether-based molecular recognition [J]. Macromolecules, 2012, 45 (16): 6457-6463.

[41] Soto Tellini V H, Jover A, García J C, et al. Thermodynamics of formation of host-guest supra-molecular polymers [J]. Journal of the American Chemical Society, 2006, 128 (17): 5728-5734.

[42] Qu D H, Wang Q C, Ren J, et al. A light-driven rotaxane molecular shuttle with dual fluorescence addresses [J]. Organic Letters, 2004, 6 (13): 2085-2088.

[43] Chen G, Jiang M, Cyclodextrin-based inclusion complexation bridging supramolecular chemistry and macromolecular self-assembly [J]. Chemical Society Reviews, 2011, 40 (5): 2254-2266.

[44] Hu Q, Tang G, Chu P. Cyclodextrin-based host-guest supramolecular nanoparticles for delivery: from design to applications [J]. Accounts of Chemical Research, 2014, 47 (7): 2017-2025.

[45] Zhang J, Ma P. Cyclodextrin-based supramolecular systems for drug delivery: Recent progress and future perspective [J]. Adv. Advanced Drug Delivery Reviews, 2013, 65 (9): 1215-1233.

[46] Yan J, Zhang X, Zhang X, et al. Thermoresponsive Supramolecular Dendrimers via Host-Guest Interactions [J]. Macromolecular Chemistry & Physics, 2012, 213 (19): 2003-2010.

[47] Leggio C, Anselmi M, Nola A D, et al. Study on the structure of host-guest supramolecular polymers [J]. Macromolecules, 2007, 40 (16): 5899-5906.

[48] Xu M, Wu S, Zeng F, et al. Cyclodextrin supramolecular complex as a water-soluble ratiometric sensor for ferric ion sensing [J]. Langmuir, 2010, 26 (6): 4529-4534.

[49] Lia J, Loh X. Cyclodextrin-based supramolecular architectures: syntheses, structures, and applications for drug and gene delivery [J]. Advanced Drug Delivery Reviews, 2008, 60 (9): 1000-1017.

[50] Danjou P, Leener G, Cornut D, et al. Supramolecular assistance for the selective demethylation of calixarene-based receptors [J]. Journal of Organic Chemistry, 2015, 80 (10): 5084-5091.

[51] Yu G, Jie K, Huang F. Supramolecular amphiphiles based on host-guest molecular recognition motifs [J]. Chemical Reviews, 2015, 115 (15): 7240-7303.

[52] Loh X. Supramolecular host-guest polymeric materials for biomedical applications [J]. Material Horizons, 2014, 1 (2): 185-195.

[53] Liu S, Kim K, Isaacs L. Mechanism of the conversion of inverted CB [6] to CB [6] [J]. Journal of Organic Chemistry, 2007, 72 (18): 6840-6847.

[54] Huang W H, Zavalij P Y, Isaacs L. Chiral recognition inside a chiral cucurbituril [J]. Angewandte Chemie-International Edition, 2007, 46 (39): 7425-7427.

[55] Anthony F, Hough G C, Fraser S J, et al. Decamethylcucurbit [5] uril [J]. Angewandte Chemie-International Edition, 1992, 104 (11): 1475-1477.

[56] Day A, Blanch R, Arnold A, et al. A cucurbituril-based gyroscane: a new supramolecular form [J]. Angewandte Chemie-International Edition, 2002, 41 (2): 275-277.

[57] Choi J, Kim J, Kim K, et al. A rationally designed macrocyclic cavitand that kills bacteria with high efficacy and good selectivity [J]. Chemical Communication, 2007, 11 (11): 1151-1153.

[58] Angelos S, Yang Y, Patel K, et al. pH-responsive supramolecular nanovalves based on cucurbit [6] uril pseudorotaxanes [J]. Angewandte Chemie-International Edition, 2008; 47 (12): 2222-2226.

[59] Liu Y, Li X Y, Zhang H Y, et al. Cyclodextrin-driven movement of cucurbit [7] uril [J]. Journal of Organic Chemistry, 2007, 72 (10): 3640-3645.

[60] Chen K, Kang Y, Zhao Y, et al. Cucurbit [6] uril-based supramolecular assemblies: possible application in radioactive cesium cation capture [J]. Journal of the American Chemical Society, 2014, 136 (48): 16744-16747.

[61] Nicolas H, Yuan B, Zhang J, et al. Cucurbit [8] uril as nanocontainer in a polyelectrolyte multilayer film: a quantitative and kinetic study of guest uptake [J]. Langmuir, 2015, 31 (39): 10734-10742.

[62] Cao Y, Hu X Y, Li Y, et al. Multistimuli-responsive supramolecular vesicles based on water-soluble pillar [6] arene and saint complexation for controllable drug release [J]. Journal of the American Chemical Society, 2014, 136 (30): 10762-10769.

[63] Ogoshi T, Kanai S, Fujinami S, et al. Para-bridged symmetrical pillar [5] arenes: their Lewis acid catalyzed synthesis and host-guest property [J]. Journal of the American Chemical Society. , 2008, 130 (15): 5022-5023.

[64] Zhang Z, Liu K, Li J. Self-assembly and micellization of a dual thermoresponsive supramolecular pseudo-block copolymer [J]. Macromolecules, 2011, 44 (5): 1182-1193.

[65] Binder W, Kunz M, Ingolic E. Supramolecular poly (ether ketone)-polyisobutylene pseudo-block copolymers [J]. Journal of Polymer Science Part A Polymer Chemistry, 2004, 42 (1), 162-172.

[66] Montarnal D, Delbosc N, Chamignon C, et al. Highly ordered nanoporous films from supramo-lecular diblock copolymers with hydrogen-bonding junctions [J]. Angewandte Chemie-Interna-tional Edition, 2015, 54 (38): 11117-11121.

[67] Yang L, Bai Y, Tan X, Wang Z, et al. Controllable supramolecular polymerization through host-guest interaction and photochemistry [J]. ACS Macro Letters, 2015, 4 (6): 611-615.

[68] Tan X, Yang L, Huang Z, et al. Amphiphilic diselenide-containing supramolecular polymers [J]. Polymer Chemistry, 2015, 6 (5): 681-685.

[69] Hu X, Xiao T, Lin C, Huang F, et al. Dynamic supramolecular complexes constructed by or-thogonal self-assembly [J]. Accounts of Chemical Research, 2014, 47 (7): 2041-2051.

[70] Yang H, Bai H, Yu B, et al. Supramolecular polymers bearing disulfide bonds [J]. Polymer Chemistry, 2014, 5 (22): 6439-6443.

[71] Sun M, Zhang H, Zhao Q, et al. A supramolecular brush polymer via the self-assembly of bridged tris (β-cyclodextrin) with a porphyrin derivative and its magnetic resonance imaging [J]. Journal of Materials Chemistry B Materials for Biology & Medicine, 2015, 3 (41): 8170-8179.

[72] Yan J, X. Zhang Q, Zhang X, et al. Thermoresponsive supramolecular dendrimers viahost-guest interactions [J]. Macromolecular Chemistry & Physics, 2012, 213 (19): 2003-2010.

[73] Koh M, K. Jolliffe A, Perrier S. Hierarchical assembly of branched supramolecular polymers from (cyclic Peptide)-polymer conjugates [J]. Biomacromolecules, 2014, 15 (11): 4002-4011.

[74] Miyawaki A, Takashima Y, Yamaguchi H, et al. Branched supramolecular polymers formed by bifunctional cyclodextrin derivatives [J]. Tetrahedron, 2008, 64 (36): 8355-8361.

[75] Bertrand A, Stenzel M, Fleury E, et al. Host-guest driven supramolecular assembly of reversible comb-shaped polymers in aqueous solution [J]. Polymer Chemistry, 2012, 3 (2): 377-383.

[76] Dong R, Liu Y, Zhou Y, et al. Photo-reversible supramolecular hyperbranched polymer based on host-guest interactions [J]. Polymer Chemistry, 2011, 2 (12): 2771-2774.

[77] Fang R, Liu Y, Z. Wang Q, et al. Water-soluble supramolecular hyperbranched polymers based on host-enhanced π-π interaction [J]. Polymer Chemistry, 2013, 4 (4), 900-903.

[78] Yang Z, Fan X, Tian W, et al. Nonionic cyclodextrin based binary system with upper and lower critical solution temperature transitions via supramolecular inclusion interaction [J], Langmuir the Acs Journal of Surfaces & Colloids, 2014, 30 (25): 7319-7326.

[79] Tanak T, Gotand R, Tsutsuia A, et al. Synthesis and gel formation of hyperbranched supramo-lecular polymer by vine-twining polymerization using branched primer-guest conjugate [J]. Pol-ymer, 2015, 73 (2): 9-16.

[80] Sun M, Zhang H, Hu X, et al. Hyperbranched supramolecular polymer of tris (permethyl-β-

cyclodextrin)s with porphyrins: characterization and magnetic resonance imaging [J]. Chinese Journal of Chemistry, 2014, 32 (8): 771-776.

[81] Zhang Q, Qu D, X. Ma, et al. Sol-gel conversion based on photoswitching between noncovalently and covalently linked netlike supramolecular polymers [J]. Chemical Communications-Royal Society of Chemistry, 2013, 49 (84): 9800-9802.

[82] Zhang K, Tian J, Hanifi D, et al. Toward a single-layer two-dimensional honeycomb supramolecular organic framework in water [J]. Journal of the American Chemical Society, 2013, 135 (47): 17913-17918.

[83] Yebeutchou R, Tancini F, Demitri N, et al. Host-guest driven self-assembly of linear and star supramolecular polymers [J]. Angewandte Chemie-International Edition, 2008, 47 (24): 4504-4508.

[84] Schmidt B, Hetzer M, Ritter H, et al. Miktoarm star polymers via cyclodextrin-driven supramolecular self-assembly [J]. Polymer Chemistry, 2012, 3 (11): 3064-3067.

[85] Zhang Z, Liu K, Li J. A thermoresponsive hydrogel formed from a star-star supramolecular architecture [J]. Angewandte Chemie-International Edition, 2013, 52 (24): 6180-6184.

[86] Schmidt B, Rudolph T, Hetzer M, et al. Supramolecular three-armed star polymers via cyclodextrinhost-guest self-assembly [J]. Polymer Chemistry, 2012, 3 (11): 3139-3145.

[87] Wang J, Wang X, Yang F, et al. Self-assembly behavior of a linear-star supramolecular amphiphile based onhost-guest complexation [J]. Langmuir, 2014, 30 (43): 13014-13020.

[88] Zhang Z, Liu K, Li J. Self-assembly and micellization of a dual thermoresponsive supramolecular pseudo-block copolymer [J]. Macromolecules, 2011, 44 (5): 1182-1193.

[89] Ashton P, Baxter I, Cantrill S, et al, Supramolecular Daisy Chains [J]. Angewandte Chemie-International Edition, 1998, 37 (9): 1294-1297.

[90] Cantrill S, Youn G, Stoddart J, et al. Supramolecular Daisy Chains [J]. The Journal of Organic Chemistry, 2001, 66 (21): 6857-6872.

[91] Ashton P R, Parsons I W, Raymo F M, et al. Self-Assembling Supramolecular Daisy Chains (pages 1913—1916) [J]. Angewandte Chemie-International Edition, 1998, 37 (13-14): 1913-1916.

[92] Yamaguchi N, Nagvekar D S, Gibson H W. Self-Organization of a heteroditopic molecule to linear polymolecular arrays in solution [J]. Angewandte Chemie-International Edition, 1998, 37 (17): 2361-2364.

[93] Huang F, Nagvekar D, Zhou X, et al. Formation of a linear supramolecular polymer by self-assembly of two homoditopic monomers based on the bis (m-phenylene)-32-crown-10/paraquat recognition motif [J]. Macromolecules, 2007, 40 (10): 3561-3567.

[94] Huang F Gibson H W. A supramolecular poly [3] pseudorotaxane by self-assembly of a homoditopic cylindrical bis (crown ether) host and a bisparaquat derivative [J]. Chemical Communications, 2005, 3, 1696-1698.

[95] Niu Z, Huang F, Gibson H W. Supramolecular AA-BB-type linear polymers with relatively high molecular weights via the self-assembly of bis (m-phenylene)-32-Crown-10 cryptands and a bis-

paraquat derivative [J]. Journal of the American Chemical Society, 2011, 133 (9), 2836-2839.

[96] Wang F, Han C, He C, Huang F, et al. Self-sorting organization of two heteroditopic monomers to supramolecular alternating copolymers [J]. Journal of the American Chemical Society, 2008, 130 (34): 11254-11255.

[97] Li S L, Xiao T, Wu Y, Wang L, et al. New linear supramolecular polymers that are driven by the combination of quadruple hydrogen bonding and crown ether-paraquat recognition [J]. Chemical Communications, 2011, 47 (24): 6903-6905.

[98] Xiao T, Feng X, Wang Q, et al. Switchable supramolecular polymers from the orthogonal self-assembly of quadruple hydrogen bonding and benzo-21-crown-7-secondary ammonium salt recognition. [J]. Chemical Communications, 2013, 49 (75): 8329-8331.

[99] Wei P, Yan X, Huang H, et al. Supramolecular copolymer constructed by hierarchical self-assembly of orthogonal host-guest, H-bonding, and coordination interactions [J]. ACS Macro Letters, 2016, 5 (6): 671-675.

[100] Wu J, Leung K, Benítez D, et al. An acid-base-controllable [c2] daisy chain [J]. Angewandte Chemie-International Edition, 2008, 47 (39): 7470-7474.

[101] Yow-Hei S, Fujimori H, Shoji J, et al. Polyslipping: a new approach to polyrotaxane-like assemblies [J]. Chemistry Letters, 2001, 30 (8): 774, 775.

[102] Huang F, Gibson H W. Formation of a supramolecular hyperbranched polymer from self-organization of an AB2 monomer containing a crown ether and two paraquat moieties [J]. Journal of the American Chemical Society, 2004, 126 (45): 14738, 14739.

[103] Li L, Zheng X, Yu B, et al. Supramolecular polymerization induced self-assembly into micelle and vesicle via acid-base controlled formation of fluorescence responsive supramolecular hyperbranched polymers [J]. Polymer Chemistry, 2015, 7 (2): 287-291.

[104] Gu R, Yao J, Fu X, et al. A hyperbranched supramolecular polymer constructed by orthogonal triple hydrogen bonding and host-guest interactions [J]. Chemical Communications, 2015, 51 (25): 5429-5431.

[105] Li S, Zheng B, Chen J, et al. A hyperbranched, rotaxane-type mechanically interlocked polymer [J]. Journal of Polymer Science Part A-polymer Chemistry, 2010, 48 (18): 4067-4073.

[106] Leung K, Mendes P, Magonov S, et al. Supramolecular self-assembly of dendronized polymers: reversible control of the polymer architectures through acid-base reactions [J]. Journal of the American Chemical Society, 2006, 128 (33): 10707-10715.

[107] Strutt N L, Zhang H, Giesener M A, et al. A self-complexing and self-assembling pillar [5] arene [J]. Chemical Communications, 2012, 48 (11): 1647-1649.

[108] Wang X, Han K, Li J, et al. Pillar [5] arene-neutral guest recognition based supramolecular alternating copolymer containing [c2] daisy chain and bis-pillar [5] arene units [J]. Polymer Chemistry, 2013, 4 (14): 3998-4003.

[109] Song N, Chen D X, Xia M C, et al. Supramolecular assembly-induced yellow emission of 9,

10-distyrylanthracene bridged bis (pillar [5] arene) s [J]. Chemical Communications, 2015, 51 (25): 5526-5529.

[110] Wang Y, Xu J F, Chen Y Z, et al. Photoresponsive supramolecular self-assembly of mono-functionalized pillar [5] arene based on stiff stilbene [J]. Chemical Communications, 2014, 50 (53): 7001-7003.

[111] Ogoshi T, Demachi K, Kitajima K, et al. Monofunctionalized pillar [5] arenes: synthesis and supramolecular structure [J]. Chemical Communications, 2011, 47 (25): 7164-7166.

[112] Wang K, Wang C Y, Wang Y, et al. Electrospun nanofibers and multi-responsive supramolecular assemblies constructed from a pillar [5] arene-based receptor [J]. Chemical Communications, 2013, 49 (89): 10528-10530.

[113] Wang S, Wang Y, Chen Z, et al. The marriage of endo-cavity and exo-wall complexation provides a facile strategy for supramolecular polymerization [J]. Chemical Communications, 2015, 51 (16): 3434-3437.

[114] Chen P, Mondal J H, Zhou Y, et al. Construction of neutral linear supramolecular polymer via orthogonal donor-acceptor interactions and pillar [5] arene-based molecular recognition [J]. Polymer Chemistry, 2016, 7 (33): 5221-5225.

[115] Xu J F, Chen Y Z, Wu L Z, et al. Dynamic covalent bond based on reversible photo [4 + 4] cycloaddition of anthracene for construction of double-dynamic polymers [J]. Organic Letters, 2013, 15 (24): 6148-6151.

[116] Ogoshi T, Kayama H, Yamafuji D, et al. Supramolecular polymers with alternating pillar [5] arene and pillar [6] arene units from a highly selective multiple host-guest complexation system and monofunctionalized pillar [6] arene [J]. Chemical Science, 2012, 3 (11): 3221-3226.

[117] Meng L, Li D, Xiong S, et al. FRET-capable supramolecular polymers based on a BODIPY-bridged pillar [5] arene dimer with BODIPY guests for mimicking the light-harvesting system of natural photosynthesis [J]. Chemical Communications, 2015, 51 (22): 4643-4646.

[118] Meng G, Lars D, Jan L, et al. Structure of 20S proteasome from yeast at 0.24nm resolution [J]. Nature, 1997, 386 (6624): 463-471.

[119] Stephen N. Oxford handbook of nucleic acid structure [M]. Oxford University Press: Surrey, 1999.

[120] Qian W, Tian L, Liang T, et al. Icosahedral virus particles as addressable nanoscale building blocks [J]. Angewandte Chemie International Edition, 2002, 41 (3): 459-462.

[121] Chen L, Yang H. Construction of stimuli-responsive functional materials viahierarchical self-assembly involving coordination interactions [J]. Accounts of Chemical Research, 2018, 51: 2699-2710.

[122] Kelch S, Rehahn M. Synthesis and properties in solution of rodlike, 2, 2': 6', 2''-terpyridine-based ruthenium (II) coordination polymers [J]. Macromolecules, 1999, 32 (18): 5818-5828.

[123] Gasnier A, Royal G, Pierre T. Metallo-supramolecular gels based on a multitopic cyclam bis-

terpyridine platform [J]. Langmuir, 2009, 25 (15): 8751-8762.

[124] ChenP, Li Q, Grindy S, et al. White-light-emitting lanthanide metallogels with tunable lumi-nescence and reversible stimuli-responsive properties [J]. Journal of the American Chemical Society, 2015, 137 (36): 11590-11593.

2 基于冠醚与柱［5］芳烃自分类组装构筑超分子交替聚合物及制备分级材料

2.1 概述

超分子聚合物因其非共价键特性近些年引起了研究者广泛的兴趣，相比于传统共价键聚合物，超分子聚合物的非共价键特性拥有很多新的性质，比如可降解性、自修复、良好的弹性等[1-3]。超分子化学家借助"设计概念"上的帮助已经制造了各种各样的超分子结构，这些"设计概念"包括"自组装"（self-assembly）[4]、"自分类"（self-sorting）[5,6]、"模板效应"（templating）[7]等。可是通过各种非共价键，比如氢键、π-π堆积、金属配位、主客体反应等组装的大多数超分子聚合物由于使用多个重复的模块，导致超分子聚合物结构高度对称，聚合物结构的多样性及多功能性受到了限制。尽管近些年来通过"自分类"等方法得到的一些超分子聚合物丰富了聚合物的结构多样性[5,6,8]，但是制备的聚合物相关的应用报道相对较少。特别是在制备分级材料方面，比如0维的胶束，1维的纳米纤维，2维的多孔薄膜，3维的网状聚合物还未见报道。

一些两亲性分子的组装体在改变溶液的极性或浓度时可以容易地获得分级材料。例如吴立新等人利用一个两亲性的线性-树状二嵌段络合物制备了0维的囊泡、1维的纤维、3维的凝胶[9]，但是在一个系统中同时制备0～3维的材料仍然是一个比较大的挑战。基于冠醚的主客体反应已被广泛应用于构筑分子间锁定的结构包括超分子聚合物[10-21]；另一方面，柱芳烃是近些年来发展起来的继冠醚、环糊精、杯芳烃、葫芦脲之后的又一类大环化合物，柱芳烃不仅能与合适尺寸的阳离子、阴离子络合，也能和一些合适尺寸的中性客体分子络合[22-47]。近些年基于柱芳烃的主客体反应已广泛应用于超分子聚合物的构筑、药物载体、化学传感器等领域。考虑到冠醚与柱芳烃大环主体化合物优异的性能，本章整合了这两种大环主客体识别，通过"自分类"组装的方法构筑了一种基于冠醚与柱芳烃的线性超分子交替聚合物，并利用这种超分子聚合物制备了0～3维的分级材料。本章主要内容有：首先设计合成两种不同的单体H1与M1（见图2.1）：H1的两端分别连有一个苯并-21-冠-7基团（B21C7）和一个带三氮唑的中性客体基团（TAPN），M1由一个柱［5］芳烃基团和一个二级铵盐基团组成；接着，探讨M1与H1能否在溶液中通过"自分类"方法组装成超分子交替聚合物并探讨发生"自分类"组装的条件；最后，利用构筑的超分子聚合物制备从0～3维的分级材料。

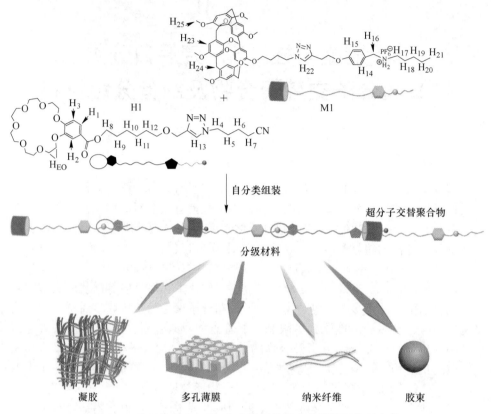

图 2.1   基于单体 H1+M1 自分类组装形成的线性超分子交替
聚合物及制备 0~3 维的分级材料示意图

2.2 单体的合成与表征

本章介绍模型化合物 1~4 的结构（见图 2.2（a）），并介绍单体及中间体的合成路线（见图 2.2（b）），所有合成的新产物都通过氢谱、碳谱、高分辨率质谱得到表征。

中间体 H5 的合成以六甘醇为起始原料，在碱的作用下与对甲苯磺酰氯反应，得到含对甲苯磺酰的中间体。中间体再与化合物 3，4-二羟基苯甲酸甲酯在 K$^+$ 的模板作用下，在加热的条件下得到苯并-21-冠-7 酯，苯并-21-冠-7 酯水解后以高产率得到中间体 H5。中间体 H5 在四丁基氟化铵作用下与 H4 室温搅拌以高产率得到 H3，四丁基氟化铵是一种温和的、高效的酯化反应催化剂，由于能溶于水，其分离也很容易。H3 与 H2 在铜盐与抗坏血酸钠作用下通过点击反应得到单体 H1。

(a)

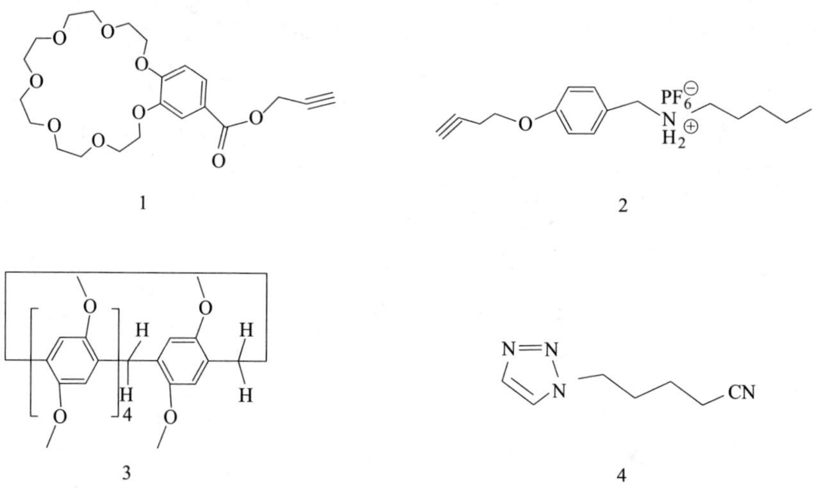

(b)

图 2.2　模型化合物 1~4 的结构及单体、中间体的合成路线

（a）模型化合物 1~4 的结构；（b）单体及中间体合成路线

化合物 M4 的合成以对羟基苯甲醛为起始原料，在碳酸钾作用下与 4-溴-1-丁炔反应得到 M4。M4 再与戊胺在甲醇溶液中回流反应生成亚胺，亚胺用硼氢化钠还原后生成仲胺，仲胺酸化后产物溶于水，再与六氟磷酸铵发生离子交换将氯离子置换下来得到溶于有机溶剂的产物 M2。

中间体 M6 的合成以柱［5］芳烃为起始原料，柱［5］芳烃与过量的三溴化硼在低温下脱去甲氧基，通过二氯甲烷/甲醇沉降的方法得到单羟基的柱［5］芳烃 M6，M6 在 DMF 溶液中在碳酸钾作用下与过量 1,4-二溴丁烷反应生成 M5，M5 再与过量叠氮化钠发生取代反应得到含叠氮基的 M3，M3 再与合成的 M2 在硫酸铜和抗坏血酸钠作用下通过点击反应得到单体 M1。

2.2.1　化合物 3 的合成[48]

将对苯二甲醚（13.8g，100mmol）、多聚甲醛（9.3g，300mmol）置于 500mL 圆底烧瓶中，加入 250mL 1,2-二氯乙烷，在搅拌的情况下加入 12.5mL 三氟化硼乙醚，将上述混合物在 28℃下搅拌反应 30min，反应完毕后加入 300mL 甲醇，产生大量白色沉淀后过滤，收集滤饼，将滤饼溶于二氯甲烷后再过滤一次，收集滤液，旋干滤液后，粗产品用硅胶柱纯化（二氯甲烷为洗脱剂），得到 7.1g 白色固体产物（化合物），产率为 60%。该产物的氢谱如下所示。

^{1}H NMR（CDCl$_3$，400MHz）：δ（10^{-6}）= 6.84（s，10H），3.76（s，10H），3.71（s，30H）.

2.2.2 化合物 4 的合成[49]

在氮气氛围下，将 1H-1，3，5 三唑（2.00g，29mmol）、5-溴戊腈（4.7g，29mmol）、碳酸钾（27.5g，200mmol）置于 150mL 圆底烧瓶中，加入 100mL 无水乙腈，将反应液加热到回流状态并搅拌反应 16h，反应完毕后冷却到室温，将反应液过滤，滤液在减压下旋干溶剂后加入 100mL 水，150mL 二氯甲烷，分两次萃取，合并萃取液后用无水硫酸钠干燥，过滤后在减压下旋去溶剂，粗产品用硅胶柱纯化 [V（石油醚）：V（乙酸乙酯）= 1：6]，得到 1.4g 油状液体（化合物4），产率为 30%。化合物 4 氢谱如下所示。

^{1}H NMR（CDCl$_3$，400MHz，298K）：δ（10^{-6}）：7.74（s，1H），7.57（s，1H），4.48~4.46（t，J=6.75Hz，2H），2.42~2.40（t，J=6.75Hz，2H），2.14~2.08（m，2H），1.72~1.66（m，2H）.

2.2.3 化合物 H2 的合成[49]

在氮气氛围下，将叠氮化钠（1.9g，29.0mmol）、5-溴戊腈（4.0g，24.1mmol）置于圆底烧瓶中，加入 100mLDMF 溶剂，将上述反应液加热到 70℃ 反应 8h，反应完毕后冷却到室温，将反应液倒入分液漏斗，加入 100mL 水，250mL 二氯甲烷分 3 次萃取，合并萃取液后水洗，萃取液用无水硫酸钠干燥，过滤后在减压下旋去有机溶剂得到 3.4g 油状液体，产率为 93%。该油状液体即为化合物 H$_2$，其氢谱为：

^{1}H NMR（CDCl$_3$，400MHz，298K）：δ（10^{-6}）：3.37~3.35（t，J=5.75Hz，2H），2.41~2.38（t，J=6.75Hz，2H），1.76~1.74（m，4H）.

2.2.4 化合物 H4 的合成[50]

将 1.6-二溴己烷（14g，57.40mmol）溶于 100mL 己烷中并置于 250mL 圆底烧瓶中，加入丙炔醇（0.46g，8.20mmol）、少量四丁基碘化铵、氢氧化钠（1.6g，40mmol）、50mL 水，在搅拌下加热到回流并反应 4h，反应完毕后冷却到室温，将反应液倒入分液漏斗后分层取上层有机相，无水硫酸钠干燥有机相后过滤，滤液在减压下旋去有机溶剂，粗产品以硅胶柱层析分离 [V（石油醚）：V（二氯甲烷）= 6：1]，得到 0.98g 油状液体（化合物 H4），产率为 55%。该化合物 H4 的氢谱如下所示。

^{1}H NMR（400MHz，CDCl$_3$，25℃）：δ（10^{-6}）：4.13（2H，s），3.51（2H，t，J=6.4Hz），3.40（2H，t，J=6.4Hz），2.42（1H，s），1.87（2H，m），1.60（2H，m），1.42（4H，m）.

2.2.5 化合物 M5 的合成[51]

在氮气氛围下，将 M6（2.00g，2.72mmol）、1，4-二溴丁烷（3.51g，

16.2mmol），碳酸钾（1.13g，8.16mmol）置于 250mL 圆底烧瓶中，加入 150mLDMF，将上述混合液加热到 75℃并反应过夜，反应完毕后将反应液冷却到室温，过滤后将滤液在减压下旋去溶剂，粗产品以硅胶柱层析分离（二氯甲烷为洗脱剂），得到 1.65g 白色固体（化合物 M5），产率为 70%。其氢谱为：

^{1}H NMR（300MHz，CDCl$_3$）：$\delta = 6.81 \sim 6.75$（m，9H），6.69（s，1H），3.78（s，10H），3.67~3.61（m，29H），3.01（s，2H），1.63（s，4H）.

2.2.6 化合物 M3 的合成[51]

将化合物 M5（1.30g，1.50mmol）、叠氮化钠（0.20g，3.00mmol）置于 100mL 圆底烧瓶中，加入 50mLDMF，将上述反应液加热到 75℃并反应 9h，反应完毕后加入 100mL 水，150mL 二氯甲烷，分两次萃取，合并萃取液，无水硫酸钠干燥后过滤，滤液在减压下旋去有机溶剂，粗产品以硅胶柱层析分离（二氯甲烷为洗脱剂），得到 1.13g 白色固体（化合物 M3），产率为 90%。其氢谱为：

^{1}H NMR（400MHz，CDCl$_3$，298K）：δ（10^{-6}）：$6.81 \sim 6.75$（m，9H），6.70（s，1H），3.82~3.67（m，12H），3.65~3.63（m，27H），3.01~2.94（m，2H），1.66~1.62（m，2H），1.47~1.43（m，2H）.

2.2.7 化合物 H3 的合成

将化合物 H5（2.00g，5.0mmol）、H4（1.20g，5.5mmol）、1mol/L 的四丁基氟化铵 8mL 置于 100mL 圆底烧瓶中，加入 25mL 无水四氢呋喃，将上述混合物在室温下搅拌 12h 后，反应完毕倒入分液漏斗中，加入 100mL 水，200mL 二氯甲烷分两次萃取，合并萃取液后水洗，无水硫酸钠干燥萃取液，粗产品以硅胶柱层析纯化 [V(二氯甲烷)/V(甲醇) $= 60:1$]，得到 2.55g 白色固体（化合物 H3），产率为 95%。该化合物 H3 的氢谱、碳谱、质谱如下所示。

^{1}H NMR（400MHz，CDCl$_3$）：δ（10^{-6}）$= 1.45$（m，4H），1.62（m，2H），1.75（m，2H），2.41（s，1H），3.51（t，$J=6.5$Hz，2H），3.63~3.69（m，8H），3.70~3.75（m，4H），3.77~3.82（m，4H），3.91~3.97（m，4H），4.12（d，$J=2.3$Hz，2H），4.18-4.24（m，4H），4.27（t，$J=6.8$Hz，2H），6.86（d，$J=8.4$Hz，1H），7.54（d，$J=2.0$Hz，1H），7.65（d，$J=2.0$Hz，1H）.

^{13}C NMR（100MHz，CDCl$_3$）：δ（10^{-6}）$= 166.38$，152.84，148.25，123.86，123.25，114.61，112.26，80.01，74.22，71.34，71.23，71.15，71.11，71.04，71.01，70.57，70.04，69.66，69.51，69.33，69.12，64.84，58.05，29.42，28.73，25.88，25.83.

HR-ESI-MS（C$_{28}$H$_{42}$O$_{10}$）：m/z calcd for $[M + Na]^+ = 561.2670$，found $= 561.2652$，error 3.2×10^{-6}.

2.2.8 单体 H1 的合成

氮气氛围下，将化合物 H3 （1.0g，1.85mmol）、H2 （0.25g，2.00mmol） 置于 100mL 圆底烧瓶中，加入 30mL 二氯甲烷，15mL 水，$CuSO_4 \cdot 5H_2O$ （44.5mg，0.18mmol），抗坏血酸钠 （70.5mg，0.36mmol），将上述反应液在室温下搅拌 2 天，反应完毕后倒入分液漏斗，加入 100mL 水，二氯甲烷 150mL，分两次萃取，合并萃取液后水洗萃取液，用无水硫酸钠干燥萃取液后过滤，减压旋去溶剂，粗产品以硅胶柱层析纯化 ［V(二氯甲烷)：V(甲醇) = 40：1］，得到 1.04g 白色固体 （单体 H1），产率为 85%。单体 H1 的氢谱、碳谱、质谱如下所示。

^{1}H NMR （400MHz，$CDCl_3$）：δ （10^{-6}） = 1.43（m，4H），1.63（m，2H），1.69（m，2H），1.75（m，2H），2.09（m，2H），2.41（t，$J=7.2$Hz，2H），3.54（t，$J=6.5$Hz，2H），3.63~3.69（m，8H），3.70~3.75（m，4H），3.77~3.82（m，4H），3.91~3.97（m，4H），4.18~4.24（m，4H），4.27（t，$J=6.8$Hz，2H），4.43（t，$J=6.8$Hz，2H），4.64（s，2H），6.86（d，$J=8.4$Hz，1H），7.53（s，1H），7.58（s，1H），7.63（d，$J=2.0$Hz，1H）。

^{13}C NMR （100MHz，$CDCl_3$）：δ（10^{-6}） = 166.44，152.96，148.32，145.84，123.92，123.28，122.38，118.98，114.75，112.37，71.40，71.28，71.19，71.17，71.09，71.06，70.86，70.61，69.71，69.56，69.44，69.19，64.84，64.35，49.26，29.58，29.10，28.74，25.93，25.88，22.39，16.74。

HR-ESI-MS（$C_{33}H_{50}N_4O_{10}$）：m/z calcd for ［M＋Na］$^+$ = 685.3419，found = 685.3412，error 1.0×10^{-6}。

2.2.9 化合物 M2 的合成

在氮气氛围下，将化合物 M4 （2.00g，11.5mmol）、戊胺 （1.20g，13.8mmol） 置于 150mL 圆底烧瓶中，加入 60mL 甲醇，将上述反应液加热到 65℃并反应过夜。反应完毕后将反应混合物冷却到室温，加入硼氢化钠（1.74g，46.0mmol）后在室温下继续搅拌 12h，加入 30mL 水和 2mol/L 的盐酸淬灭过量的硼氢化钠并酸化胺。在减压下旋去溶剂后得到一些白色固体，将上述固体悬浮于丙酮中，加入饱和六氟磷酸铵，直到悬浮液变得澄清，旋去溶剂后得到一些白色固体，将上述固体用去离子水洗后干燥得到 2.02g 白色固体 （化合物 M2），产率为 45%。化合物 M2 的氢谱、碳谱、质谱如下所示。

^{1}H NMR （400MHz，CD_3CN，298K）：δ（10^{-6}） = 0.91（t，$J=4.4$Hz，3H），1.33（m，4H），1.64（m，2H），2.26（s，1H），2.66（m，2H），2.99（t，$J=5.6$Hz，2H），4.09（s，2H），4.11（t，$J=4.4$Hz，2H），6.59（br，2H），6.99（d，$J=6.0$Hz，2H），7.38（d，$J=6.0$Hz，2H）。

^{13}C NMR(100MHz, CD$_3$CN)：δ(10^{-6}) = 160.41, 132.63, 123.64, 115.79, 81.74, 70.92, 67.00, 51.91, 48.53, 28.85, 26.02, 22.53, 19.79, 13.87.

HR-ESI-MS(C$_{16}$H$_{24}$F$_6$NOP)：m/z calcd for [M-PF$_{6-}$]$^+$ = 246.1852, found = 246.1861, error 3.6 ppm.

2.2.10　单体 M1 的合成

在氮气氛围下，将化合物 M2 （1.00g, 1.20mmol）、M3（0.43g, 1.11mmol）置于100mL圆底烧瓶中，加入 40mL 四氢呋喃，10mL 水，然后加入 CuSO$_4$ · 5H$_2$O （59.3mg, 0.24mmol），抗坏血酸钠（94.1mg, 0.48mmol），将上述反应液加热到50℃并反应12h，反应完毕后冷却到室温并倒入分液漏斗，加入 100mL 水，150mL 二氯甲烷分两次萃取，合并萃取液后用无水硫酸钠干燥，过滤后在减压下旋干滤液，粗产品以硅胶柱层析分离 [V(二氯甲烷)：V(甲醇) = 30：1]，得到 0.81g 白色固体（单体 M1），产率为55%。单体 M1 的氢谱、碳谱、质谱如下所示。

^{1}H NMR（400MHz, CD$_3$CN, 298K）：δ(10^{-6}) = 0.90 (t, J = 7.2Hz, 3H), 1.31 (m, 4H), 1.63 (m, 2H), 1.80 (m, 2H), 2.11 (m, 2H), 2.98 (t, J = 7.6Hz, 2H), 3.13 (t, J = 6.4Hz, 2H), 3.61 (s, 3H), 3.71 (m, 34H), 3.88 (t, J = 6.4Hz, 2H), 4.07 (s, 2H), 4.24 (t, J = 6.8Hz, 2H), 4.42 (t, J = 6.8Hz, 2H), 6.69 (br, 2H), 6.77 (s, 1H), 6.89 (m, 9H), 6.97 (d, J = 8.8Hz, 2H), 7.34 (d, J = 8.8Hz, 2H), 7.69 (s, 1H).

^{13}C NMR(100MHz, CD$_3$CN)：δ(10^{-6}) = 160.49, 150.96, 150.02, 132.47, 129.25, 123.43, 115.65, 113.95, 113.93, 68.25, 67.60, 56.07, 51.79, 50.62, 48.44, 29.85, 28.81, 27.87, 27.33, 26.40, 25.98, 22.48, 13.83.

HR-ESI-MS(C$_{64}$H$_{79}$F$_6$N$_4$O$_{11}$P)：m/z calcd for [M-PF$_{6-}$]$^+$ = 1079.5740, found = 1079.5766, error 2.4×10^{-6}.

2.3　超分子交替聚合物的构筑及刺激响应性

为了研究单体 H1 与 M1 在溶液中能否通过"自分类"组装成超分子线性交替聚合物，4 个模型化合物 1~4 被合成，如图 2.3 所示。首先配制了一系列包含两个模型化合物并且摩尔比为 1：1 的氘代氯仿-丙酮混合溶液（体积比为 1.5：1），并且测量它们的氢谱。如图 2.4 所示，模型化合物 1 和等摩尔的化合物 4 在氯仿与丙酮的混合溶液中的氢谱只是它们单独的氢谱的简单相加，表明苯并-21-冠-7 （B21C7）与中性客体（TAPN）在氯仿与丙酮的混合溶液中不能发生络合。图 2.5 是化合物 1 和 2 在氯仿与丙酮的混合溶剂中的氢谱，可以看到它们混合后的氢谱与它们单独的氢谱相比变得更加复杂，这表明 B21C7 在氯仿与丙酮溶液中

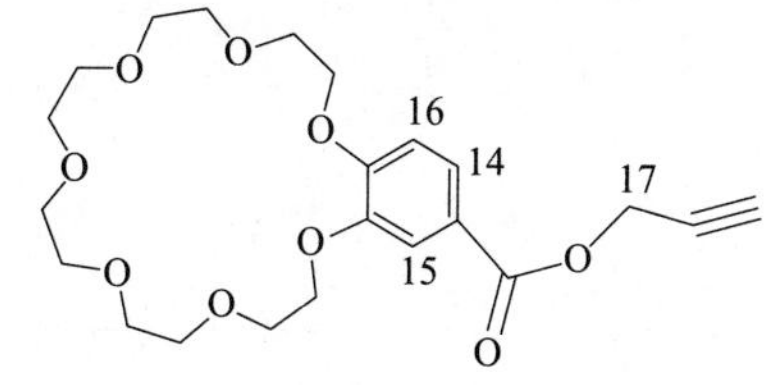

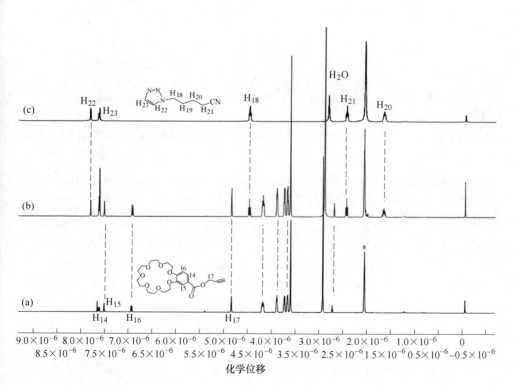

图 2.3　模型化合物 1~4 的化学结构

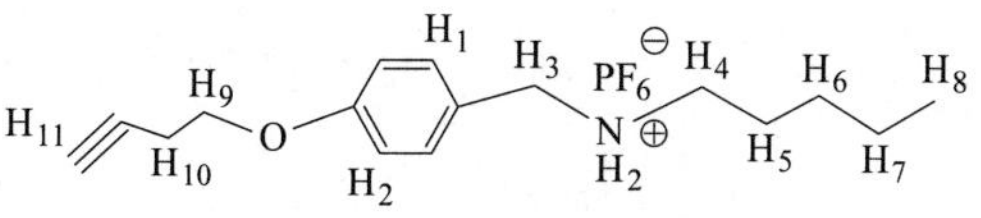

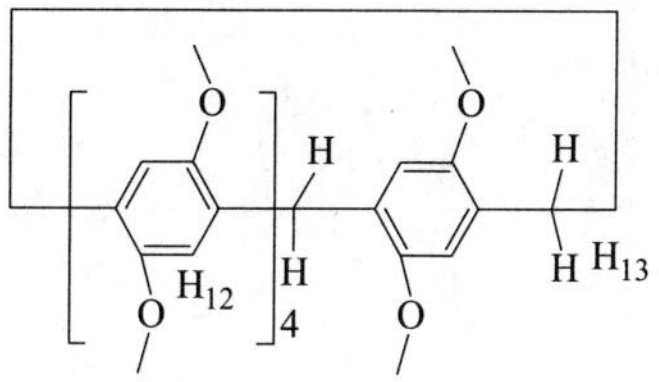

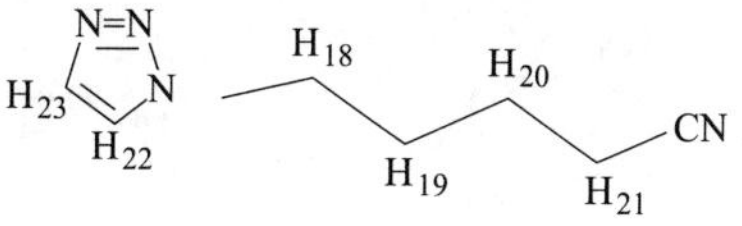

图 2.4　氢谱图 ［400MHz，V（氘代氯仿）:V（丙酮）=（1.5:1），298K］
（a）化合物 1；（b）等摩尔的化合物 1 和 4 的混合物；（c）化合物 4，星号表示溶剂峰

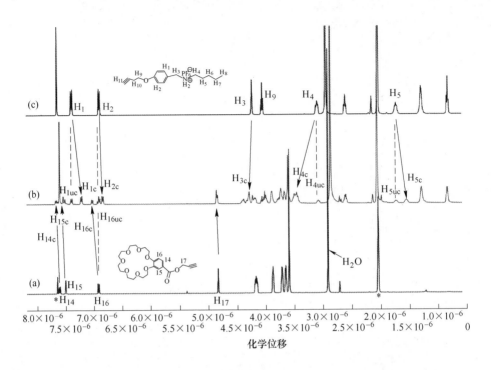

图 2.5　氢谱图［400MHz, V(氘代氯仿)：V(丙酮) = 1.5：1, 298K］

（a）化合物 1；（b）等摩尔的化合物 1 和 2 的混合物；（c）化合物 2，
没有络合的质子，络合后的质子分别用下标 uc, c 表示，星号表示溶剂峰

能与二级铵盐发生络合，化合物 1 上的 H_1 与 H_2 质子都被裂开成两组峰，表明 B21C7 与二级铵盐是一个慢的交换反应[52,53]。图 2.6 是模型化合物 3 与 2 在氯仿与丙酮溶液中的氢谱图，从图中可以观察到化合物 3 与 2 在氯仿与丙酮的混合溶剂中的氢谱是单独的化合物 3 与 2 的氢谱的简单叠加，表明柱［5］芳烃与二级铵盐在氯仿与丙酮（体积比为 1.5：1）的混合溶剂中不能络合或者有非常弱的络合能力。值得注意的是柱［5］芳烃与二级铵盐在纯的氘代氯仿中能发生络合[54]，由于柱［5］芳烃与二级铵盐的络合是一个阳离子-π 反应，极性的氯仿-丙酮混合溶剂应该强烈削弱了这种络合能力。图 2.7 是化合物 3 与 4 在氯仿与丙酮混合溶剂中的氢谱图，从图中可以看到化合物 3 与 4 混合后氢谱发生了明显变化，化合物 4 上的质子 $H_{18\text{-}22}$ 都向高场发生了明显的移动，表明中性客体 TAPN 在氯仿与丙酮的混合溶剂中能穿进柱［5］芳烃的空腔中，通过氢谱也观察到该络合反应是一个慢的交换反应。最后等摩尔的 4 个模型化合物的混合溶液的氢谱清晰地显示化合物 1 与 2，3 与 4 在氯仿与丙酮混合溶剂中能自分类地发生络合（见图 2.8）。

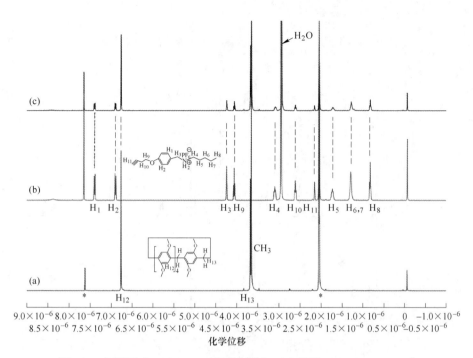

图 2.6　氢谱图［400MHz，V(氘代氯仿)：V(丙酮) = 1.5 : 1，298K］

（a）化合物 3；（b）化合物 2；（c）等摩尔的化合物 2 和 3 的混合物，星号表示溶剂峰

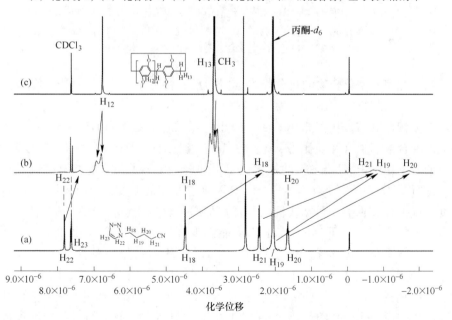

图 2.7　氢谱图［400MHz，V(氘代氯仿)：V(丙酮) = 1.5 : 1，298K］

（a）化合物 4；（b）等摩尔的化合物 3 和 4 的混合物；（c）化合物 3

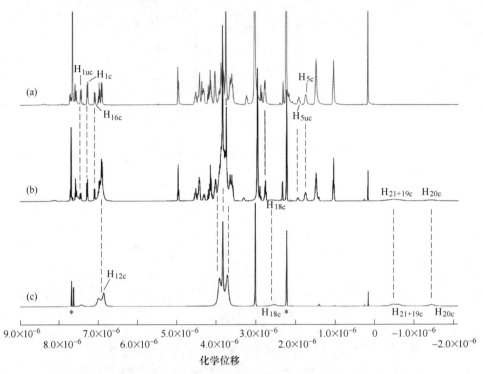

图 2.8　氢谱图 [400MHz, V(氘代氯仿)：V(丙酮) = 1.5：1, 298K]

（a）等摩尔的 1 和 2 的混合物；（b）等摩尔的化合物 1, 2, 3, 4 的混合物；

（c）等摩尔的化合物 3 和 4 的混合物，星号表示溶剂峰

　　在研究完模型化合物的自分类络合行为后，接下来研究了 H1 与 M1 在溶液中的自分类组装行为。图 2.9 为 H1 与等摩尔的 M1 在氘代氯仿与丙酮混合溶剂的浓度依赖性氢谱。从图 2.9 （a）与（b）可以看出单独的 H1 与 M1 在氯仿与丙酮的混合溶剂中（体积比为 1.5：1）都不能形成超分子聚合物。H1 与 M1 混合后的氢谱相比于 H1 与 M1 的氢谱变得更加复杂，为了归属这些复杂的氢谱信号，进行了 ¹H-¹H COSY 实验。¹H-¹H COSY 实验采用的浓度为 20mmol/L，在这个浓度区域络合的质子（包括线性的与环性的组装分别用下标 lin 和 cyc 表示）与没有络合的质子（以下标 uc 表示）都能被观察到。如图 2.10 及图 2.11 所示，从 COSY 谱图可以观察到 M1 上的 H_{14} 与 H_{15} 质子的强烈相关性，比如 H_{14uc} 与 H_{15uc}，H_{14cyc} 与 H_{15cyc}，H_{14br} 与 H_{15br} 之间的相关性；H1 上的 H_4 与 H_5，H_5 与 H_6 相关性也可以观察到，因此一些关键的质子信号（包括重叠峰）通过 COSY 谱再结合前面阐述的模型化合物的氢谱，H1+M1 在氯仿与丙酮溶剂中的复杂的浓度依赖型氢谱能够被精确地归属。在归属清楚这些复杂的氢谱信号后，回到图 2.9，在较低的浓度下（H1 与 M1 混合体系），M1 上质子 H_{14} 分裂成了两组峰，分别对应

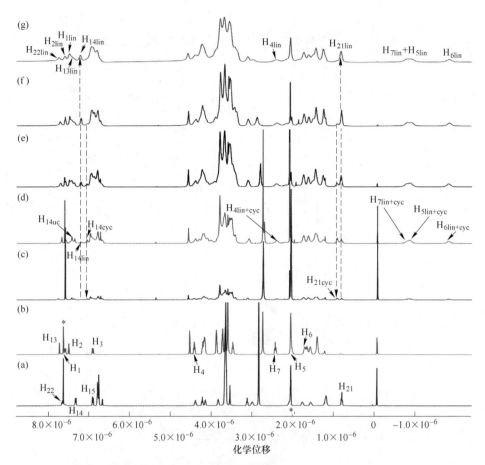

图 2.9　氢谱 $[400MHz, V(CDCl_3):V(CD_3COCD_3)=1.5:1, 298K]$

（a）单体 M1；（b）单体 H1，H1+M1 的氢谱（以 H1 浓度计算）；（c）2mmol/L；（d）8mmol/L；
（e）50mmol/L；（f）130mmol/L；（g）300mmol/L，没有络合的单体质子、络合后的环性寡聚物质子、
络合后的线性聚合物质子分别用下标 uc，cyc 和 lin 表示，星号表示溶剂峰

于没有络合的单体（以 H_{14uc} 表示）与络合的环性寡聚物（以 H_{14cyc} 表示）。在此稀浓度下也能观察到少量的线性寡聚物组装氢谱信号（H_{14lin}，$7.23×10^{-6}$）；另一方面，H1 上的 H_4、H_5、H_6、H_7 明显地向高场发生了移动，表明 TAPN 穿进了柱［5］芳烃的空腔中，以上这些质子化学位移与模型化合物观察到的现象类似。H1 上的 B21C7 基团与 M1 上的二级铵盐基团的络合以及 M1 上的柱［5］芳烃基团和 H1 上的 TAPN 基团的络合表明 H1+M1 在氘代氯仿与丙酮的混合溶剂中形成了一个交替的排列（H1-M1）n。随着单体浓度的增加，环性寡聚物组装（H_{14cyc}，$7.13×10^{-6}$；H_{21cyc}，$9.0×10^{-7}$）与没有络合的单体的峰（H_{14uc}，$7.25×10^{-6}$）的相对强度都不断下降，而对应于线性组装的峰的相对强度不断增加（H_{14lin}，

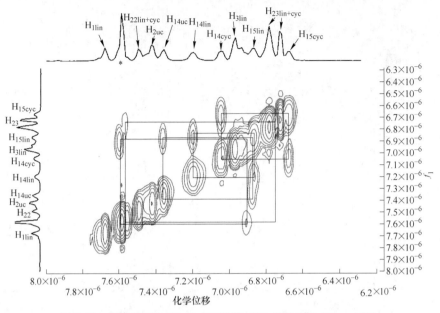

图 2.10　部分的 H1+M1 的 COSY 谱（H1 的浓度为 20mmol/L）
（没有络合的单体质子、络合后的环性寡聚物质子、络合后的线性聚合物质子
分别用下标 uc, cyc 和 lin 表示，星号表示溶剂峰）

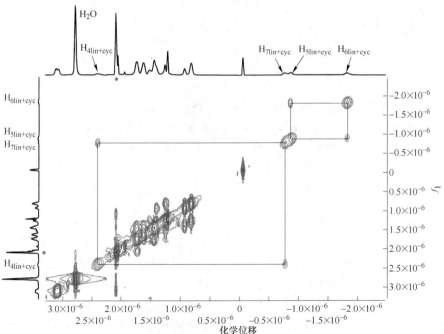

图 2.11　部分的 H1+M1 的 COSY 谱（H1 的浓度分别为 20mmol/L）
（没有络合的单体的质子、络合后的环性寡聚物质子、络合后的线性聚合物质子
分别用下标 uc, cyc 和 lin 表示，星号表示溶剂峰）

7.20×10^{-6}；H_{21lin}，8.1×10^{-7}），表明在较高的浓度下以线性超分子聚合物为主。另外，在高浓度下氢谱峰明显变宽也支持超分子交替聚合物的形成。

二维 NOESY 核磁也被用来研究 H1+M1 在溶液中的自分类组装行为。NOESY 实验在 60mmol/L 的浓度下进行，如图 2.12 所示，通过二维核磁可以看到 M1 上的质子 H_{14lin} 与 H1 上的 H_{EO} 相关，表明 M1 上的二级铵盐和 H1 上的 B21C7 发生了络合；另一方面，H1 上的 H_{4lin}、H_{5lin}、H_{6lin}、H_{7lin} 与 M1 上的 H_{23lin} 的相关性也被清晰地观察到，说明 H1 上的 TAPN 穿进了 M1 上的柱 [5] 芳烃洞穴。以上结果支持了 H1 与 M1 以交替的方式排列 $(H1\text{-}M1)_n$，与氢谱分析结果一致。

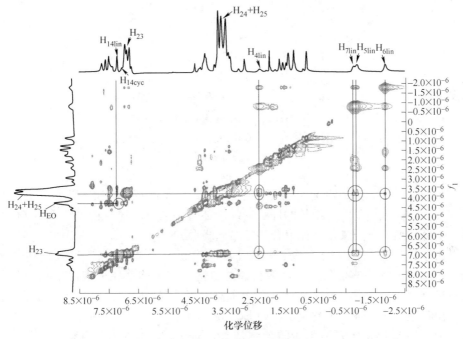

图 2.12 部分的 H1+M1 的 NOESY 谱 ［400MHz，$V(CDCl_3) : V(CD_3COCD_3) = 1.5 : 1$，298K，H1 的浓度分别为 60mmol/L］

（没有络合的单体的质子、络合后的环性寡聚物质子、络合后的线性聚合物质子分别用下标 uc，cyc 和 lin 表示）

超分子交替聚合物形成的进一步证据来自二维扩散顺序的核磁（DOSY）。如图 2.13（a）所示，随着 H1（和等摩尔的 M1）的浓度从 2mmol/L 增加到 200mmol/L，测量的扩散系数值（D_c）从 $3.96\times10^{-10} m^2/s$ 衰减到 $3.51\times10^{-11} m^2/s$，根据文献报道，扩散系数如果衰减 10 倍以上能够证明高聚合度的超分子聚合物的形成[49]。实验结果明显地支持在较高浓度下高分子量的聚合物的形成。接下来，H1 与 M1 的氯仿与丙酮混合溶液的黏度被测量。如图 2.13（b）所示，横坐标为 H1（和 M1）在氯仿与丙酮混合溶剂（体积比为 1.5:1）的浓度的双对数，纵坐标是溶液的增比黏度的双对数。在较低的浓度区域，曲线的坡度为 1.04，表明在低浓度下主要以环型寡聚物为主。当浓度超过临界聚合浓度（24mmol/L）时，曲线的坡度为 2.35，表明在较高的浓度下主要以线性聚合物为主。

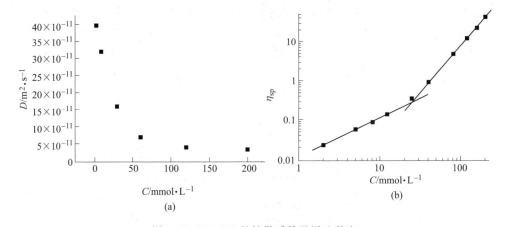

图 2.13 H1+M1 的扩散系数及增比黏度

(a) 在不同浓度下的扩散系数（DOSY，600MHz，$V(CDCl_3)$：$V(CD_3COCD_3)$ = 1.5：1，298K）；

(b) 在不同浓度下的增比黏度

扫描电镜实验进一步证明了超分子交替聚合物的形成。如图 2.16（a）所示，在一个高浓度的溶液中长的杆状的纤维能直接被拉出（直径大约 6μm）。这种长的杆状的纤维通常由线性聚合物链的缠绕形成。

由于超分子交替聚合物包含两种非共价键反应，即 B21C7-二级铵盐及柱 [5] 芳烃-TAPN 主客体反应，这两种非共价键反应可能都能表现出单独的刺激响应性[49,55]。根据第 2 章的阐述，B21C7 对钾离子有响应性，因此首先研究了超分子交替聚合物的钾离子响应性。如图 2.14 所示，在向 H1 与 M1 氯仿与丙酮混合溶液中加入 1mol/L 的六氟磷酸钾后，超分子聚合物发生了解组装，一个更简单的氢谱被观察到 [见图 2.14（b）]，这是由于 B21C7 对钾离子相比于二级铵盐有更强的络合能力。在上述体系中再加入 1mol/L 的苯并-18-冠-6 后，由于苯并-18-冠-6 相比于 B21C7 对钾离子有更强的络合能力，复杂的氢谱被重新观察到 [见图 2.14（c）]，表明超分子线性交替聚合物的重新形成。有趣的是，钾离子的加入没有影响柱 [5] 芳烃与中性客体 TAPN 的络合（$-8.0×10^{-7}$，$-1.77×10^{-6}$），根据氢谱分析在加入钾离子后一个二聚体应该是主要的物种。另一方面，柱 [5] 芳烃与中性客体 TAPN 的络合也可以通过加入一种更强的竞争客体来破坏，从而实现超分子聚合物的解组装。如图 2.15 所示，在加入 1.2mol/L 的丁二腈后，由于丁二腈与柱 [5] 芳烃有更强的络合能力，超分子聚合物发生了解组装 [见图 2.15（c）]。同样，丁二腈没有破坏冠醚与二级铵盐的络合，因此在 H1 与 M1 的混合溶液体系中加入丁二腈后 H1-M1-butanedinitrile 应该是主要物种。

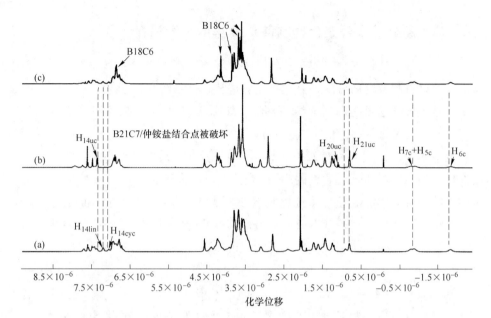

图 2.14 氢谱图 [400MHz, $V(CDCl_3):V(CD_3COCD_3)=1.5:1$, 298K]

（a）40mmol/L 的 H1+M1 溶液；（b）向 H1+M1 溶液加入 3mol/L 六氟磷酸钾后；

（c）再加入 3mol/L 苯并 18 冠 6 后

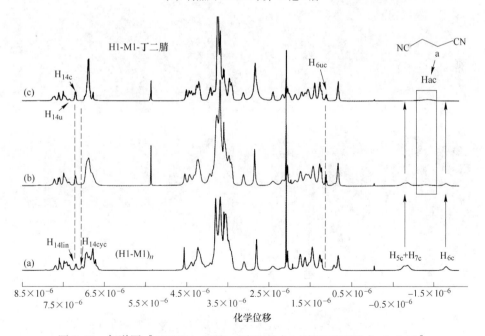

图 2.15 氢谱图 [400MHz, 298K, $V(CDCl_3):V(CH_3COCH_3)=1.5:1$]

（a）等摩尔的 M1+H1；（b）向 H1+M1 溶液加入 0.5mol/L 丁二腈后；（c）加入 1.2mol/L 的丁二腈后

2.4 基于超分子交替聚合物制备 0~3 维的分级材料

由于超分子交替聚合物包含两种大环主客体反应，相比于单一的大环主客体反应，在材料制备方面可能拥有一些制备优势，接着研究了基于［H1-M1］_n型超分子交替聚合物是否能得到分级的材料。如图 2.16 所示，在较稀的浓度下，通过小心地蒸发聚合物溶液的溶剂，获得了 0 维的球状胶束，通过透射电镜观察到球状聚集体直径变化范围为 220~380nm，推测这种 0 维的球形形态主要是超分子线性聚合物的链弯曲导致的，因为 H1 与 M1 单体都包含一段较柔性的链，这和一些以前报道的柔性的超分子线性聚合物有类似的形态[55]。在前面阐述了超分子线性交替聚合物在高浓度下通过外力作用，缠绕的聚合物链可以伸展并轻易地拉出杆状纤维，因此超分子交替聚合物也可能通过静电纺丝而得到 1 维的纳米纤维。图 2.16（c）是通过静电纺丝得到的纳米纤维的扫描电镜图（180mmol/L H1+180mmol/L M1 在 CHCl$_3$ 与 CH$_3$COCH$_3$ 体积比为 1.5：1 中，通过扫描电镜（SEM）图可以观察纤的直径从 100nm 延伸到 600nm，进一步从透射电镜图

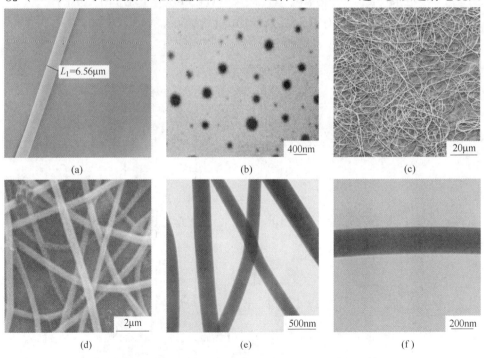

图 2.16 基于超分子交替聚合物得到的 0 维的胶束和 1 维的纳米纤维

（a）在高浓度下从 H1+M1 混合体系中抽出的杆状纤维的扫描电镜图；（b）基于超分子聚合物形成的
球形胶束透射电镜图；（c），（d）电纺超分子聚合物溶液获得的 1 维的纳米纤维扫描电镜图；
（e），（f）电纺超分子聚合物溶液获得的 1 维纳米纤维的透射电镜图

(TEM，见图 2. 16（e）~（f））可以看到通过静电纺丝制备的超分子聚合物纳米纤维呈实心状态，透射电镜图观察到的纳米纤维直径范围与扫描电镜观测一致。考虑到超分子交替共聚物较高的黏度及聚合物链的相对柔性，H1 与 M1 形成的超分子交替聚合物可能也能制成多孔薄膜。如图 2.17（a）和图 2.17（b）所示，借助于呼吸图案法[56] 2 维有序的多孔薄膜被成功制备。呼吸图案法制备多孔薄膜时的单体浓度（包括 H1 与 M1 总质量）为 5%，通过扫描电镜观察到多孔薄膜孔的直径为 1~2μm。根据文献报道采用呼吸图案法制备多孔薄膜时要求聚合物有一定的段密度以便聚合物能沿着水滴及时沉降在孔周围[56]。由于 H1 与 M1

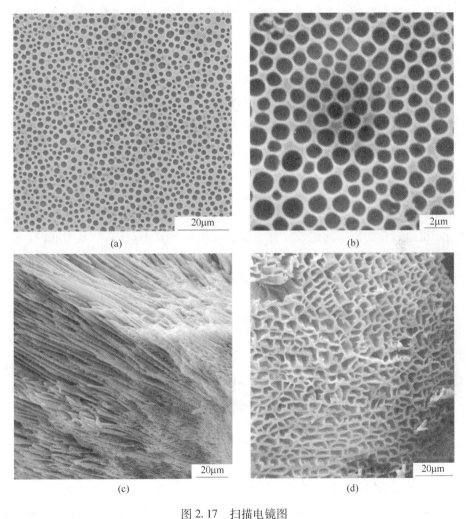

(a)   (b)

(c)   (d)

图 2.17　扫描电镜图

（a），（b）基于超分子交替聚合物通过呼吸图案法制备的 2 维多孔薄膜电镜图；

（c），（d）基于超分子交替聚合物制备的 3 维干胶电镜图

在氯仿与丙酮混合溶剂中通过自分类组装成超分子聚合物后，溶液的黏度增加及聚合物链的相互缠绕导致在溶剂的挥发过程中能有效稳定水滴，阻止水滴的凝聚，并沉降在水滴的周围，在溶剂完全挥发后留下有序的多孔薄膜。

本小节最后介绍高浓度下超分子交替聚合物溶液的宏观属性，在55℃下，将 M1 与 H1 溶解于氯仿与丙酮的混合溶剂后，将上述超分子聚合物溶液冷却到室温并且静置几个小时后，最后能得到一种黏稠的胶状物质，这种胶状的物质能够在相转变温度为41℃，单体浓度为 270mmol/L（270mmol/L H1 与 270mmol/L M1）时形成。为了观察到胶状物质真实的形态，采用冷冻干燥的方法制备了一个样品：在液氮下迅速将上述样品冷冻得到一个固体样品，然后将样品通过冷冻干燥法抽干溶剂后切片，通过扫描电镜（见图 2.17（c）和（d））实验可以看到长的管状的结构规整地编织成一个 3 维网状结构。推测这些长的管状的结构起源于长的线性聚合物链的相互缠绕，并进一步编织交联成 3 维网状结构。这种有序的结构与早前报道的一些无序的 3 维有机凝胶存在显著的差异[57]，这可能与超分子聚合物单体结构有很大的关系。根据一些文献报道，柱芳烃衍生物很容易在水中组装成各种各样的有序的组装体，这些有序的组装体的形成与柱芳烃柱状的结构有很大关系；由于 H1 与 M1 形成的超分子聚合物含有柱状结构的柱芳烃基团，可能对高浓度下通过加热和冷却的方法形成的这种有序的 3 维结构起着重要的作用。考虑到超分子交替聚合物的刺激响应性特征，这种胶状物质的刺激响应性行为被进一步研究，向这种黏稠的胶加入六氟磷酸钾或移除六氟磷酸钾，胶能发生溶液—胶的可逆转化；加热与冷却也能观察到类似可逆的溶液—胶相转化，这些可逆的转化都能通过裸眼观察到（见图 2.18）。

图 2.18　不同的刺激响应实现可逆的胶—溶液相转化

2.5　超分子聚合物的溶剂选择性

超分子化学是研究非共价键相互作用的一门学科，而非共价键反应对溶剂、温度等外在条件有一定的选择性，因此选择合适的溶剂来构筑超分子聚合物至关重要。首先选择二氯甲烷作为 M1 与 H1 形成超分子聚合物的溶剂，单独的 M1 在二氯甲烷或氯仿里溶解度很差，主要是因为 M1 带有二级铵盐（阳离子）基团。图 2.19 是 M1 在氘代二氯甲烷或氯仿里的氢谱图，由于 M1 溶解度较低，推测 M1 在二氯甲烷或氯仿里主要以低分子量的寡聚物或自包裹物为主。但是将 M1 与 H1 等摩尔混合后，其在二氯甲烷或三氯甲烷溶解度变得很大（大于 1mol/L），这是因为 H1 带有 B21C7 基团，B21C7 由于能与二级铵盐络合从而极大地增强了其溶解度。这种溶解度的显著增加有望让 M1+H1 在二氯甲烷或三氯甲烷溶剂中形成超分子聚合物，但是不幸的是，在一个相对高的浓度从 M1+H1 的氘代二氯甲烷溶液的氢谱图可以看到很尖的峰而不是宽峰（见图 2.20（a）），并且在高场区域只能观察到少部分的络合峰，表明 M1+H1 在二氯甲烷溶剂中并没有形成超分子聚合物。推测可能的原因是二氯甲烷比 TAPN 更适合柱［5］芳烃的空腔[58]。为了证实这个推测，将一滴二氯甲烷滴入溶有柱［5］芳烃的三氯甲烷溶液中（见图 2.21），可以观察到二氯甲烷的峰出现在 $5.04×10^{-6}$，这与参考文献里的峰出现在大约 $5.30×10^{-6}$ 存在显著的差异[59]，说明柱［5］芳烃能有效地包裹二氯甲烷，因此二氯甲烷不是一种合适的溶剂。与二氯甲烷不同的是 M1+H1 在

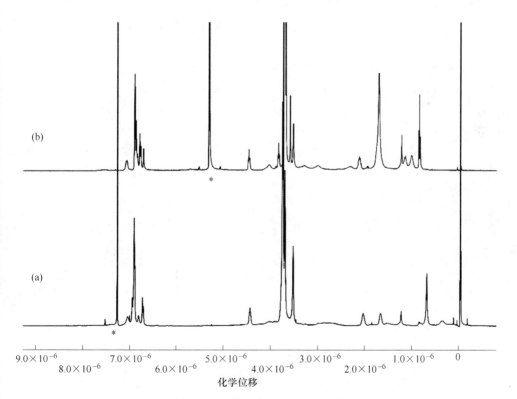

图 2.19 氢谱图（400MHz，298K）

（a）M1 在氘代氯仿；（b）M1 在氘代二氯甲烷

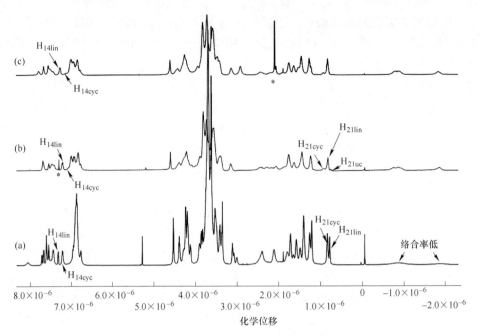

图 2.20　氢谱（400MHz，298K，H1 的浓度为 120mmol/L）

（a）等摩尔的 H1+M1 在氘代二氯甲烷；（b）等摩尔的 H1+M1 在氘代氯仿；

（c）等摩尔的 H1+M1 在氘代氯仿与丙酮的混合溶剂中（体积比为 1.5∶1），溶剂峰以星号表示

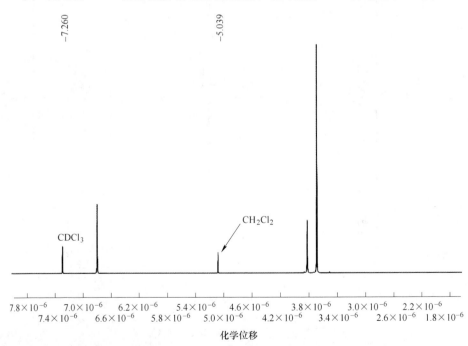

图 2.21　将 1 滴二氯甲烷加入溶有柱 [5] 芳烃的氘代氯仿溶液中的氢谱图

氘代三氯甲烷里能形成超分子聚合物（见图2.20（b）），由于六氟磷酸钾在纯的三氯甲烷里难溶，超分子聚合物刺激响应性实验（钾离子刺激响应性）在纯的三氯甲烷里难以实现以及2维多孔薄膜制备的方便，H1+M1的超分子聚合物体系采用三氯甲烷加丙酮作为混合溶剂（见图2.20（c））。

2.6　主客体络合常数的测定

2.6.1　B21C7/二级铵盐络合常数的测定

为了估计H1上的B21C7与M1上的二级铵盐在氘代氯仿与丙酮混合溶剂的络合常数K_a，选用模型化合物1和2来测量其络合常数，参照第2章的方法，

$$K_a,12 = [12]/[1][2]$$
$$= [A_{12}/(A_{12}+A_{1or2})] \times 1 \times 10^{-3}/\{[1-A_{12}/(A_{12}+A_{1or2})] \times 1 \times 10^{-3}\}^2 \quad (2.1)$$

式中，[12]，[1]，[2]分别代表平衡时络合物的浓度，没有络合的1的浓度，没有络合的2的浓度，A代表积分面积。根据式（2.1），络合常数能通过络合的积分面积与没有络合的峰的积分面积计算出来：实验过程中主体1与客体2的浓度为5mmol/L，$K_a\{[1.2]/[1][2]\}$经计算在氯仿与丙酮溶液（体积比为1.5:1）中为$[(1.37/2.37) \times 5 \times 10^{-3}]/[(1-1.37/2.37) \times 5 \times 10^{-3}]^2 = 650$L/mol。5mmol/L的主体1和客体2的氢谱图如图2.22所示。

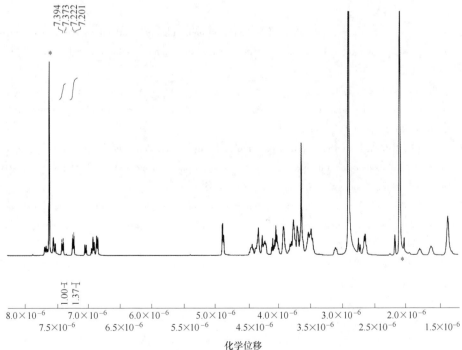

图2.22　5mmol/L的主体1和客体2的氢谱图［400MHz，$V(CDCl_3):V(CD_3COCD_3)=1:1,298K$］

2.6.2 柱［5］芳烃/TAPN 络合常数的测定

柱［5］芳烃与 TAPN 在氯仿与丙酮混合溶剂中是一个慢的交换反应，络合常数可通过氢谱单点方法测定，类似于冠醚与二级铵盐络合常数的测定。测量质子络合的积分面积与没有络合的积分面积后通过公式（2.2）计算出来：

$$K_a, 3 \cdot 4 = [HG]/[H][G] = [A_{HG}/(A_{HG}+A_{HorG})] \times 1 \times$$
$$10^{-3}/\{[1-A_{HG}/(A_{HG}+A_{HorG})] \times 1 \times 10^{-3}\}^2 \qquad (2.2)$$

通过测定几个等摩尔的 3 和 4 的混合物在稀的氘代氯仿与丙酮混合溶剂（0.75mmol/L，1.0mmol/L，1.2mmol/L，2.0mmol/L）的氢谱并计算其积分面积，$K_a\{[3.4]/[3][4]\}$ 在 $CDCl_3/CD_3COCD_3$（体积比为 1.5 : 1）溶液中为 $(9.10 \pm 0.2) \times 10^3 L/mol$。

参 考 文 献

［1］ Yan X, Xu D, Chi X, et al. A multiresponsive, shape-persistent, and elastic supramolecular polymer network gel constructed by orthogonal self-assembly ［J］. Advance materials, 2012, 24 (3): 362-369.

［2］ Zhang M, Xu D, Yan X, et al. Self-healing supramolecular gels formed by crown ether-based host-guest interactions ［J］. Angewandte chemie international edition, 2012, 51 (28): 7011-7015.

［3］ Kohsaka Y, Nakazono K, Koyama Y, et al. Size-complementary rotaxane cross-linking for the stabilization and degradation of a supramolecular network ［J］. Angewandte chemie international edition, 2011, 50 (21): 4872-4875.

［4］ Huang F, Gibson H. Formation of a supramolecular hyperbranched polymer from self-organization of an AB2 monomer containing a crown ether and two paraquat moieties ［J］. Journal of the A-merican chemical society, 2004, 126 (45): 14738, 14739.

［5］ Wang F, Han C, He C, et al. Self-sorting organization of two heteroditopic monomers to supra-molecular alternating copolymers ［J］. Journal of the American chemical society, 2008, 130 (34): 11254, 11255.

［6］ Ogoshi T, Kayama H, Yamafuji D, et al. Supramolecular polymers with alternating pillar ［5］ arene and pillar ［6］ arene units from ahighly selective multiple host-guest complexation system and monofunctionalized pillar ［6］ arene ［J］. Chemical science, 2012, 3 (11): 3221-3226.

［7］ Diederich F, Stang P. In Templated organic synthesis, Wiley-VCH, Weinheim/Germany, 2000.

［8］ Huang Z, Yang L, Liu Y, et al. Supramolecular polymerization promoted and controlled through self-sorting ［J］. Angewandte chemie international edition, 2014, 53 (21): 5351-5355.

［9］ Liu Q, Zhang H, Yin S, et al. Hierarchical self-assembling of dendritic-linear diblock complex based on hydrogen bonding [J]. Polymer, 2007, 48 (13): 3759-3770.

[10] Zheng B, Zhang M, Yan X, et al. Threaded structures based on the benzo-21-crown-7/seconda-ry ammonium salt recognition motif using esters as end groups [J]. Organic biomolecular chem-istry, 2013, 11 (23): 3880-3885.

[11] Wei P, Yan X, Huang F. Reversible formation of a poly [3] rotaxane based on photo dimer-ization of an anthracene-capped [3] rotaxane [J]. Chemical communication, 2014, 50 (91): 14105-14108.

[12] Ji X, Jie K, Zimmerman S, et al. A double supramolecular crosslinked polymer gel exhibiting macroscale expansion and contraction behavior and multistimuli responsiveness [J]. Polymer chemistry, 2015, 6 (11): 1912-1917.

[13] Chen L, Tian Y, Ding Y, et al. Multistimuli responsive supramolecular cross-linked networks on the basis of the benzo-21-crown-7/secondary ammonium salt recognition motif [J]. Macro-molecules, 2012, 45 (20): 8412-8419.

[14] Zhang M, Xu D, Yan X, et al. Self-healing supramolecular gels formed by crown ether-based host-guest interactions [J]. Angewandte chemie international edition, 2012, 51 (28): 7011-7115.

[15] Jiang W, Nowosinski K, Löw N, et al. Chelate cooperativity and spacer length effects on the as-sembly thermodynamics and kinetics of divalent pseudorotaxanes [J]. Journal of the American chemical society, 2012, 134 (3): 1860-1868.

[16] Ge Z, Hu J, Huang F, et al. Responsive supramolecular gels constructed by crown ether based molecular recognition [J]. Angewandte chemie international edition, 2009, 48 (10): 1798-1802.

[17] Li S, Xiao T, Lin C, et al. Advanced supramolecular polymers constructed by orthogonal self-assembly [J]. Chemical society reviews, 2012, 41 (18): 5950-5968.

[18] Zhang M, Li S, Dong S, et al. Preparation of a daisy chain via threading-followed-by-polymeri-zation [J]. Macromolecules, 2011, 44 (24): 9629-9634.

[19] Lestini E, Nikitin K, Müller-Bunz H, et al. Introducing negative charges into bis- p -phenylene crown ethers: a study of bipyridinium-based [2] pseudorotaxanes and [2] rotaxanes [J]. Chemistry, 2008, 14 (4): 1095-1106.

[20] Liu D, Wang D, Wang M, et al. Supramolecular organogel based on crown ether and secondary ammoniumion functionalized glycidyl triazole polymers [J]. Macromolecules, 2013, 46 (11): 504-509.

[21] Ji X, Li J, Chen J, et al. Supramolecular micelles constructed by crown ether-based molecular recognition [J]. Macromolecules, 2012, 45 (16): 6457-6463.

[22] Strutt N, Fairen-Jimenez D, Iehl J, et al. Incorporation of an A1/A2-difunctionalized pillar [5] arene into a metal-organic framework. [J]. Journal of the American chemical society, 2012, 134 (42): 17436-17439.

[23] Strutt N, Zhang H, Schneebeli S, et al. Functionalizing pillar [n] arenes [J]. Accounts of chemical research, 2014, 47 (8): 2631-2642.

[24] Ogoshi T, Ueshima N, Akutsu T, et al. The template effect of solvents on high yield synthesis, co-cyclization of pillar [6] arenes and interconversion between pillar [5] - and pillar [6] arenes [J]. Chemical communication, 2014, 50 (43): 5774-5777.

[25] Ogoshi T, Yamagishi T. Cheminform abstract: pillar [5] - and pillar [6] arene-based supra-molecular assemblies built by using their cavity-size-dependent host-guest interactions [J]. Chemical communication, 2014, 50 (37): 4776-4787.

[26] Ogoshi T, Demachi K, Masaki K, et al. Cheminform abstract: diastereoselective synthesis of meso-pillar [6] arenes by bridging between hydroquinone units in an alternating up-and-down manner [J]. Chemical communication, 2013, 44 (29): 3952-3954.

[27] Kitajima K, Ogoshi T, Yamagishi T. Cheminform abstract: diastereoselective synthesis of a [2] catenane from a pillar [5] arene and a pyridinium derivative [J]. Chemical communica-tion, 2014, 50 (22): 2925-2927.

[28] Xia W, Hu X, Chen Y, et al. A novel redox-responsive pillar [6] arene-based inclusion com-plex with a ferrocenium guest [J]. Chemical communication, 2013, 49 (44): 5085-5087.

[29] Ogoshi T, Yamafuji D, Aoki T, et al. Thermally responsive shuttling behavior of a pillar [6] arene-based [2] rotaxane [J]. Chemical communication, 2012, 48 (54): 6842-6844.

[30] Dong S, Yuan J, Huang F. A pillar [5] arene/imidazolium [2] rotaxane: solvent- and ther-mo-driven molecular motions and supramolecular gel formation [J]. Chemical science, 2014, 5 (1): 247-252.

[31] Hu W, Yang H, Hu W, et al. A pillar [5] arene and crown ether fused bicyclic host: synthe-sis, guest discrimination and simultaneous binding of two guests with different shapes, sizes and electronic constitutions [J]. Chemical communication, 2014, 50 (72): 10460-10463.

[32] Nierengarten I, Guerra S, Holler M, et al. Building liquid crystals from the 5-fold symmetrical pillar [5] arene core. [J]. Chemical communication, 2012, 48 (65): 8072-8074.

[33] Ogoshi T, Aoki T, Ueda S, et al. Pillar [5] arene-based nonionic polyrotaxanes and a topolo-gical gel prepared from cyclichost liquids. [J]. Chemical communication, 2014, 50 (50): 6607-6609.

[34] Strutt N, Zhang H, Stoddart J. Enantiopure pillar [5] arene active domains within a homochiral metal-organic framework [J]. Chemical communication, 2014, 50 (56): 7455-7458.

[35] Ogoshi T, Yamagishi T. Pillararenes: versatile synthetic receptors for supramolecular chemistry [J]. European journal of organic chemistry, 2013, 2013 (15): 2961-2975.

[36] Zhang H, Zhao P. Pillararene-based assemblies: design principle, preparation and applications [J]. Chemical European journal, 2013, 19 (50): 16862-16879.

[37] Iwona N, Sebastiano G, Michel H, et al. Macrocyclic effects in the mesomorphic properties of liquid-crystalline pillar [5]-and pillar [6] arenes [J]. European journal of organic chemistry, 2013, 18, 3675-3684.

[38] Yao Y, Wang Y, Huang F. Synthesis of various supramolecular hybrid nanostructures based on pillar [6] arene modified gold nanoparticles/nanorods and their application in pH- and NIR-

triggered controlled release [J]. Chemical science, 2014, 5 (11): 4312-4316.

[39] Yu G, Yu W, Mao Z, et al. A pillararene-based ternary drug-delivery system with photocontrolled anticancer drug release [J]. Small, 2014, 11 (8): 919-925.

[40] Yao Y, Xue M, Zhang Z, et al. Gold nanoparticles stabilized by an amphiphilic pillar [5] arene: preparation, self-assembly into composite microtubes in water and application in green catalysis [J]. Chemical science, 2013, 4 (9): 3667-3672.

[41] Zhou Q, Zhang B, Han D, et al. Photo-responsive reversible assembly of gold nanoparticles coated with pillar [5] arenes [J]. Chemical communication, 2015, 51 (15): 3124-3126.

[42] Chi X, Ji X, Xia D, et al. A dual-responsive supra-amphiphilic polypseudorotaxane constructed from a water-soluble pillar [7] arene and an azobenzene-containing random copolymer [J]. Journal of the American chemical society, 2015, 137 (4): 1440-1443.

[43] Cao Y, Li Y, Hu X Y, et al. Supramolecular nanoparticles constructed by dox-based prodrug with water-soluble pillar [6] arene for self-catalyzed rapid drug release [J]. Chemical materials, 2015, 27 (3): 1110-1119.

[44] Hua B, Zhou J, Yu G. Hydrophobic interactions in the pillar [5] arene-based host-guest complexation and their application in the inhibition of acetylcholine hydrolysis [J]. Tetrahedron letters, 2015, 56 (8): 986-989.

[45] Tan L, Li H, Qiu Y, et al. Stimuli-responsive metal-organic frameworks gated by pillar [5] arene supramolecular switches [J]. Chemical science, 2015, 6 (3): 1640-1644.

[46] Zhang H, Strutt N, Stoll R, et al. Dynamic clicked surfaces based on functionalised pillar [5] arene [J]. Chemical communication, 2011, 47 (41): 11420-11422.

[47] Ogoshi T, Shu T, Yamagishi T. Molecular recognition with microporous multilayer films prepared by layer-by-layer assembly of pillar [5] arenes [J]. Journal of the American chemical society, 2015, 137 (34): 10962-10964.

[48] Ogoshi T, Aoki T, Kitajima K, et al. Facile, rapid, and high-yield synthesis of pillar [5] arene from commercially available reagents and its X-ray crystal structure [J]. Journal of organic chemistry, 2011, 76 (1): 328-331.

[49] Li C, Han K, Li J, et al. Supramolecular polymers based on efficient pillar [5] arene-neutral guest motifs [J]. Chemical European Journal, 2013, 19 (36): 11892-11897.

[50] Biggadike K, Coe D M, Edney D D, et al. PCT Int. Appl. (2002), WO 2002066422 A1 20020829.

[51] Ogoshi T, Demachi K, Kitajima K, et al. Monofunctionalized pillar [5] arenes: synthesis and supramolecular structure [J]. Chemical communication, 2011, 47 (25): 7164-7166.

[52] Zhang C, Li S, Zhang J, et al. Benzo-21-crown-7/secondary dialkylammonium salt [2] pseudorotaxane- and [2] rotaxane-type threaded structures [J]. Organic letters, 2007, 9 (26): 5553-5556.

[53] Zheng B, Zhang M, Huang F, et al. A benzo-21-crown-7/secondary ammonium salt [c2] daisy chain [J]. Organic letters, 2012, 14 (1): 306-309.

[54] Yang J, Li Z, Zhou Y, et al. Construction of a pillar [5] arene-based linear supramolecular

polymer and a photo-responsive supramolecular network ［J］. Polymer Chemistry, 2014, 5 (23): 6645-6650.

［55］Xiao T, Feng X, Wang Q, et al. Switchable supramolecular polymers from the orthogonal self-assembly of quadruple hydrogen bonding and benzo-21-crown-7-secondary ammonium salt recognition ［J］. Chemical communication, 2013, 49 (75): 8329-8331.

［56］Chen J, Yan X, Zhao Q, et al. Adjustable supramolecular polymer microstructures fabricated by the breath figure method ［J］. Polymer Chemistry, 2012, 3 (3): 458-462.

［57］Dong S, Luo Y, Yan X, et al. A Dual-responsive supramolecular polymer gel formed by crown ether based molecular recognition ［J］. Angewandte Chemie international edition, 2011, 50 (8): 1905-1909.

［58］Li Z, Zhang Y, Zhang C, et al. Cross-linked supramolecular polymer gels constructed from discrete multi-pillar ［5］ arene metallacycles and their multiple stimuli-responsive behavior ［J］. Journal of the American chemical society, 2014, 136 (24): 8577-8589.

［59］GangulyN, Roy S, Mondal P. An efficient copper (Ⅱ)-catalyzed direct access to primary amides from aldehydes under neat conditions ［J］. Tetrahedron letters, 2012, 53 (11): 1413-1416.

3 三单体法构筑可控的超分子超支化交替共聚物及多孔薄膜材料的制备

3.1 概述

超分子超支化聚合物作为超分子聚合物的一个分支，近年来引起了很多研究者的兴趣[1-5]。这种聚合物可以通过不平衡的互补的主客体单元来构筑，例如通过 AB_2 单单体或 A_2+B_3 的双单体法[1,6]，这里 A 代表一种功能基团（主体或客体），B 代表另一种功能基团（主体或客体），并且 A 与 B 互补。通过 A_2+B_3 方法来构筑超分子超支化聚合物时 A_2 或 B_3 都由相同的基团组成：A_2 由两个相同的 A 基团组成，B_3 由 3 个相同的 B 基团组成，但是由相同的构筑单元不断重复组装的超分子结构限制了超分子聚合物的结构与功能多样性。借助于"自分类"（self-sorting）概念的帮助[7,8]，可以对超分子聚合物结构进行结构拓展，例如经典的 A_2+B_3 方法可以进一步拓展成：B_3 可以拓展成两种不同的单体 D_3 与 E_3，A_2 可以拓展成 AC（其中 D、E、A、C 分别代表不同的主体或客体部分）；同时满足 D 能选择性地与 A 络合，而 E 能选择性地与 C 络合；这种"D_3+AC+E_3"三单体系统将形成超分子超支化交替共聚物。要成功制备一个超分子超支化交替聚合物需要 D 与 A 之间的络合比 D 与 C 之间的络合更强，E 与 C 之间的络合比 E 与 A 的络合要更强（自分类络合），同时 D 与 A 络合的化学计量比与 E 和 C 络合的化学计量比相同。

在利用 A_2+B_3 制备超分子超支化聚合物时，假如 A_2 或 B_3 的功能团之间采用长的柔性的烷基链桥接时容易导致凝胶或沉淀的产生[9,10]，另外，在过去的研究中也发现由于 A 与 B 之间存在的主客体识别容易产生分子内的环性二聚体或更大的环性寡聚物，相比于 A_2+B_3 方法，D_3-AC-E_3 三单体法不仅能丰富超分子超支化聚合物的架构或功能，也能有效地抑制低分子量的环性寡聚物的产生（见图3.1）。另外，采用刚性的单体及控制链的长度可能会有效地避免凝胶或沉淀的产生。基于这些考虑，本章提出了采用刚性的单体、单体上相隔的功能基团（主体或客体）以适当长度的链连接、拥有自分类能力的主客体、单体良好的溶解性来构筑超分子超支化交替聚合物。首先合成了 3 个单体 D_3、E_3、AC（见图3.1）。D_3 由 3 个相同的对称的苯并-21-冠-7 基团（B21C7）以刚性的双炔基连接，E_3 由 3 个相同的对称的甲基柱［5］芳烃以双炔基连接，AC 的两端分别含有一个二级铵基团和一个含三氮唑基团的中性客体（TAPN）。借助于甲基柱［5］芳烃与中性客体 TAPN 的强的络合和 B21C7 与二级铵盐的好的络合，探讨三单体方法 D_3，E_3，AC 在溶液中能否有效地构建超分子超支化交替聚合物，进而分析了该方法能否克服传统的 A_2+B_3 方法容易产生环性寡聚物、沉淀、凝胶的一些缺陷，并阐述了构筑的超分子聚合物的刺激响应性及潜在的应用价值。

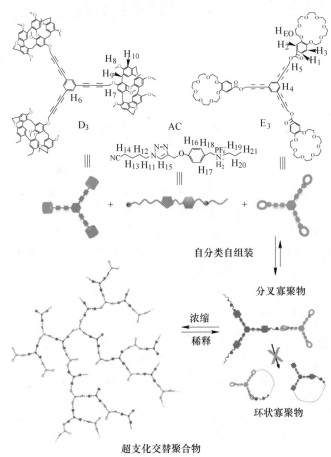

图 3.1 单体 D_3，AC，E_3 的化学结构及基于 D_3-AC-E_3
三单体自分类组装超分子超支化交替聚合物示意图

3.2 单体的合成与表征

单体 D_3、E_3、AC 及中间体的合成路线如图 3.2 所示，所有合成的新产物都通过氢谱、碳谱、高分辨率质谱得到表征。

中间体 M2 的合成以对苯二甲醚为起始原料，与多聚甲醛在催化剂三氟化硼乙醚中较高产率地得到甲基柱［5］芳烃，产物分离纯化容易。将分离提纯的甲基柱［5］芳烃在低温下与过量的三溴化硼反应脱甲基后，将粗产物溶于二氯甲

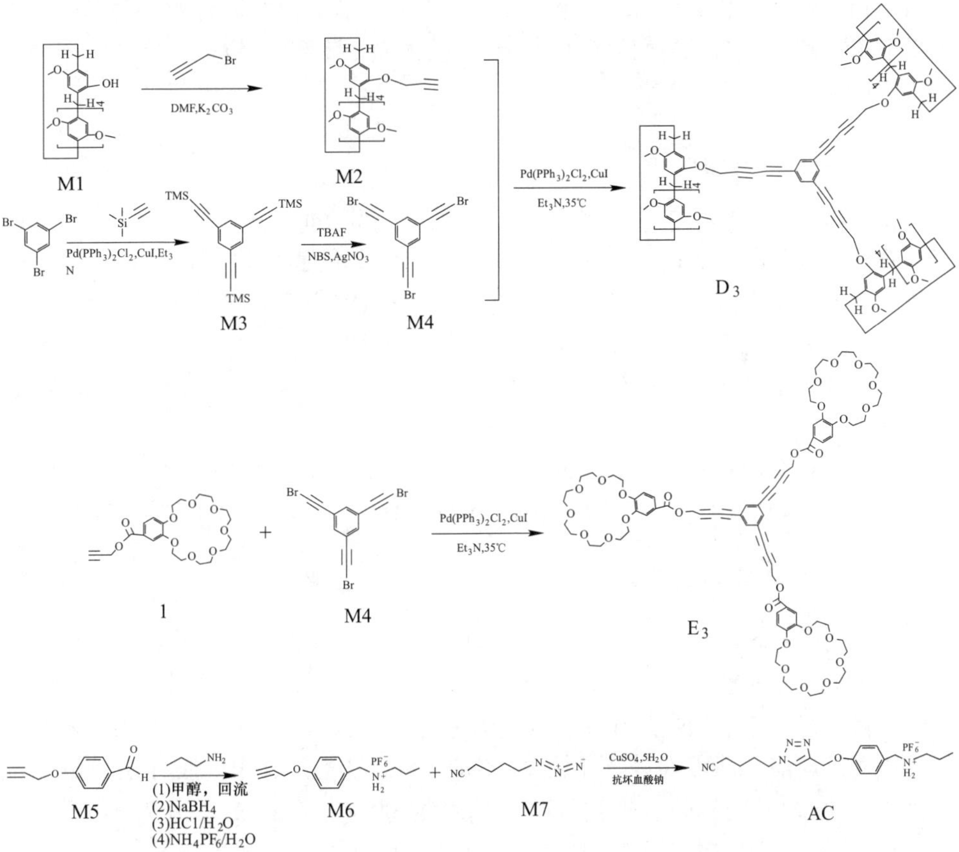

图 3.2 单体 D$_3$，E$_3$，AC 及中间体的合成路线图

烷，用甲醇沉降几次后得到单羟基柱［5］芳烃 M1。M1 再与 3-溴丙炔在弱碱存在下反应高产率地得到产物 M2。

中间体 M4 的合成以 1，3，5-三溴苯为起始原料，1，3，5-三溴苯在催化剂钯与铜盐存在下与三甲基硅基乙炔反应得到中间体 M3，M3 在甲醇溶液中用碳酸钾或四丁基氟化铵脱保护后得到没有硅烷基保护的 1，3，5-三乙炔基苯，1，3，5-三乙炔基苯再与 NBS 在银盐的催化下炔基上发生溴代而得到溴代的中间体 M4。中间体 M4 与 M2 在钯和铜盐作用下通过炔基偶联得到单体 D$_3$。类似的，中间体 1 与 M4 在钯盐与铜盐作用下得到单体 E$_3$。由于 D$_3$ 与 E$_3$ 都引入了对称的炔基链，单体的刚性能得到保证，另外炔基上由于缺乏氢质子，在核磁分析中不容易产生重叠的质子峰，对后续谱图分析十分有利。

化合物 M5 采用对羟基苯甲醛为起始原料，在碳酸钾作用下与 3-溴丙炔反应得到产物。M5 再与丙胺在甲醇溶液中回流反应得到亚胺，加入硼氢化钠还原亚胺后得到仲胺，肿胺酸化后产物溶于水，再与六氟磷酸铵发生离子交换将氯离子置换下来得到溶于有机溶剂的产物 M6。中间体 M6 与 M7 在铜盐和抗坏血酸钠存在下通过点击反应得到单体 AC。

3.2.1 化合物 M5 的合成[11]

氮气氛围下，将对羟基苯甲醛（5.00g，40.9mmol）、3-溴丙炔（7.8g，65.6mmol）、碳酸钾（15g，107mmol）置于 250mL 的圆底烧瓶中，加入 150mL DMF，将上述反应液在 70℃搅拌下反应 16h，反应完毕后冷却到室温，过滤反应液，在减压下将滤液旋干，粗产品用硅胶柱分离纯化［V（石油醚）：V（乙酸乙酯）= 5：1］得到 4.58g 白色固体（化合物 M5），产率为 70%。化合物 M5 的氢谱如下所示。

^{1}H NMR（400MHz，CDCl$_3$，298K）：δ（10^{-6}）：2.57（s，1H），4.78（s，2H），7.09（d，J=8.4Hz，2H），7.85（d，J=8.4Hz，2H），9.99（br，1H）.

3.2.2 化合物 M2 的合成

氮气氛围下，将化合物 M1（2.00g，2.71mmol）、3-溴丙炔（0.40g，3.30mmol）、碳酸钾（1.13g，8.13mmol）置于 150mL 圆底烧瓶中，加入 80mL DMF，将上述反应液加热到 65℃并搅拌反应过夜，反应完毕后将反应液冷却到室温，过滤反应液，滤液在减压下旋去有机溶剂，将粗产品用硅胶柱层析分离纯化（二氯甲烷为洗脱剂），得到一些白色固体 M2（1.57g，产率为 75%）。MP：164.3~165.6℃。M2 的氢谱、碳谱、质谱如下所示。

^{1}H NMR（400MHz，CDCl$_3$，298K）：δ（10^{-6}）：1.85（s，1H），3.67（m，24H），3.71（s，3H），3.77（s，10H），4.41（s，2H），6.71（s，1H），6.76（m，9H）.

^{13}C NMR（100MHz，CDCl$_3$）：δ（10^{-6}）：151.30，150.77，148.91，129.00，128.56，128.40，115.39，114.24，114.16，114.05，114.01，113.96，113.86，79.14，74.73，56.39，55.90，52.75，30.25，29.71，29.11.

HR-ESI-MS（C$_{47}$H$_{50}$O$_{10}$）：m/z calcd for ［M + Na］$^+$ = 797.3302，found = 797.3312，error $1.2×10^{-6}$.

3.2.3 化合物 M6 的合成

氮气氛围下，将化合物 M5（2.00g，12.5mmol）与丙胺（0.71g，12.5mmol）置于 100mL 圆底烧瓶中，加入 60mL 甲醇，将反应液在 65℃下搅拌反应过夜，反应完毕冷却到室温，加入 NaBH$_4$（0.95g，25mmol），在室温下继续搅拌 12h，加入 30mL 水，2mol/L 的盐酸酸化胺，减压下旋去溶剂，得到一些白色固体，将上述白色固体悬浮于丙酮溶液中，加入六氟磷酸铵，直到悬浮液变得澄清，旋去溶剂，水洗固体并干燥后得 1.96g 白色固体 M6，产率为 45%。Mp：151.1 ~ 151.9℃。化合物 M6 的氢谱、碳谱、质谱如下所示。

^{1}H NMR（400MHz，CD$_3$CN，298K）：δ（10^{-6}）：0.95（t，J = 7.6Hz，3H），1.68（m，2H），2.83（t，J = 2.4Hz，1H），2.97（t，J = 8.0Hz，2H），4.09（s，2H），4.77（d，J = 2.4Hz，2H），7.05（d，J = 8.4Hz，2H），7.42（d，J = 8.8Hz，2H）.

^{13}C NMR（100MHz，CD$_3$CN）：δ（10^{-6}）：158.48，131.75，123.39，115.23，78.47，76.14，55.60，51.01，49.31，19.13，10.12.

HR-ESI-MS（C$_{13}$H$_{18}$F$_6$NOP）：m/z calcd for $\left[\text{M-PF}_{6-}\right]^+$ = 204.1383，found = 204.1382.

3.2.4 单体 AC 的合成

在氮气氛围下，将 M6（1.71g，4.9mmol）与 M7（0.61g，4.9mmol）置于 100mL 圆底烧瓶中，加入四氢呋喃与水的混合物 50mL（体积比为 3∶1），再加入 CuSO$_4$·5H$_2$O（122.3mg，0.49mmol）与抗坏血酸钠（277.3mg，1.40mmol），将上述反应液在搅拌下加热到 50℃并反应 12h，反应完毕后将反应液在减压下旋去有机溶剂，粗产品以硅胶柱层析纯化 [V（二氯甲烷）∶V（甲醇）= 30∶1]，得到 1.15g 白色固体 AC，产率为 50%。Mp：49.5 ~ 50.8℃。单体 AC 的氢谱、碳谱、质谱如下所示。

^{1}H NMR（400MHz，CD$_3$CN，298K）：δ（10^{-6}）：0.95（t，J = 7.2Hz，3H），1.58（m，2H），1.66（m，2H），1.97（m，2H），2.40（t，J = 7.2Hz，2H），2.97（m，2H），4.09（t，J = 6.0Hz，2H），4.39（t，J = 6.8Hz，2H），5.17（s，2H），6.71（br，2H），7.08（d，J = 8.8Hz，2H），7.40（d，J = 8.8Hz，2H），7.87（s，1H）.

^{13}C NMR（100MHz，CDCl$_3$）：δ（10^{-6}）：159.36，143.08，150.02，131.74，123.99，122.92，119.90，115.21，61.48，51.01，49.24，28.89，22.21，19.13，16.04，10.12.

HR-ESI-MS（C$_{18}$H$_{26}$F$_6$N$_5$OP）：m/z calcd for $\left[\text{M-PF}_{6-}\right]^+$ = 328.2132，found = 328.2135，error 1×10^{-6}.

3.2.5 单体 D$_3$ 的合成

在一个 150mL 三口烧瓶中，加入 100mL10%的三乙胺四氢呋喃溶液，用针插入液面下鼓泡（氩气）30min 后，加入化合物 M2（2.00g，2.58mmol）、M4（0.27g，0.68mmol）、二（三苯基膦）二氯化钯（91.0mg，0.13mmol）、碘化亚铜（24mg，0.13mmol），将上述黑色混合物在 35℃下搅拌 12h，反应完毕后旋去有机溶剂，加入 100mL 水，200mL 二氯甲烷分 3 次萃取，合并萃取液后用无水硫酸钠干燥，在减压下旋去溶剂，粗产品以硅胶硅分离纯化 [V（二氯甲烷）∶

V(乙酸乙酯)= 100：1]，得到 0.50g 白色固体 D_3，产率为 30%。Mp：233.5 ~ 235.2℃。单体 D_3 的氢谱、碳谱、质谱如下所示。

^{1}HNMR（400MHz，CDCl$_3$）：δ（10^{-6}）：3.63 ~ 3.75（m，72H），3.81（s，9H），3.84 ~ 3.88（m，30H），6.82 ~ 6.87（m，30H），7.64（s，3H）.

^{13}C NMR（75MHz，CDCl$_3$）：δ（10^{-6}）：151.78，150.85，149.02，136.54，128.44，128.33，128.25，128.20，128.16，122.86，115.73，114.06，80.01，75.62，75.39，70，43，57.59，55.84，55.78，55.73，55.64，30.01，29.74，29.59.

MALDI-FT-ICR-MS：m/z calcd for [M + Na]$^+$ = 2491.0143，found = 2491.0142，error 0.1×10^{-6}.

3.2.6 单体 E_3 的合成

在密封的试管中，将 30mL 含 20%Et3N 的四氢呋喃溶液强力脱气 30min。然后依次加入化合物 1（2.22g，5.04mmol）、化合物 M4（0.5g，1.29mmol）、双（三苯基膦）二氯化钯（Ⅱ）（0.027g，0.038mmol）和 Cu（Ⅰ）Ⅰ（0.007g，0.038mmol）。将得到的深色混合物在 35℃下搅拌 12h，有机溶剂减压蒸发，残留物在 CH2Cl2（50mL）和水（50mL）中萃取。水层进一步用 3×100mL 的 CH$_2$Cl$_2$ 洗涤。在有机相中加入无水 Na$_2$SO$_4$ 混合干燥。去除溶剂后，用柱层析 [V（CH$_2$Cl$_2$）：V（CH$_3$OH）= 15：1] 进行纯化，得到白色固体 E3（1.68g，30%）。E$_e$ 的氢谱、碳谱、质谱如下。

^{1}HNMR（400MHz，CDCl$_3$）：δ（10^{-6}）= 3.63 ~ 3.69（m，24H），3.75 ~ 3.76（m，12H），3.82 ~ 3.83（m，12H），3.95 ~ 3.96（m，12H），4.21 ~ 4.24（m，12H），6.89（d，J = 8.4Hz，1H），7.56（d，J = 2.0Hz，1H），7.70（d，J = 2.0Hz，1H）.

^{13}C NMR（75MHz，CDCl$_3$）：δ（10^{-6}）= 165.4，153.4，148.4，136.8，124.4，122.7，121.8，114.6，112.2，77.8，77.3，75.9，75.1，71.48，71.36，71，24，71.21，71.12，71.11，70.7，70.6，69.7，69.5，69.3，69.2，52.8.

MALDI-TOF-MS：m/z calcd for [M + Na]$^+$ = 1481.5419，found = 1481.5421.

3.3 超分子超支化交替共聚物的构筑及多孔薄膜材料的制备

为了研究三单体 D_3、AC、E_3 在混合溶剂 [V（氘代氯仿）：V（丙酮）= 1.5：1] 中是否能通过自分类组装成超分子超支化交替共聚物，首先合成了 4 个模型化合物 1~4 来证实主客体自分类过程（见图 3.3）。在第 2 章介绍了化合物 3 与 4 在氯仿与丙酮的混合溶剂中的络合是一个慢的交换过程（见图 3.4），化合物 1 与 4 不能发生络合（见图 3.5）。模型化合物 1 与 2 混合后的氢谱与它们单独的氢谱相比变得更加复杂，这表明 B21C7 在氯仿与丙酮混合溶剂中能与二级铵

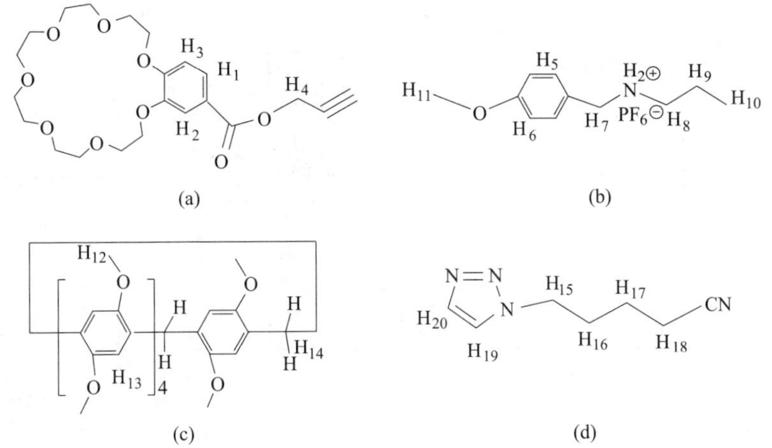

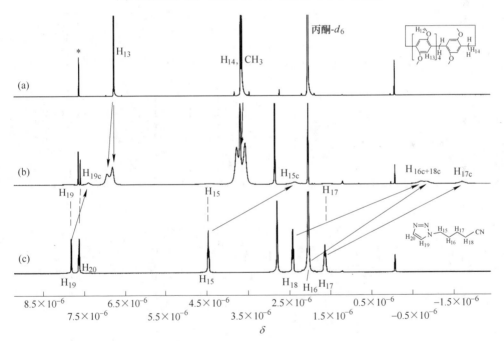

图 3.3 模型化合物 1~4 的化学结构

(a) 化合物 1;(b) 化合物 2;(c) 化合物 3;(d) 化合物 4

图 3.4 氢谱图 [400MHz, V(氘代氯仿) : V(丙酮) = 1.5 : 1, 298K]

(a) 化合物 3;(b) 等摩尔的化合物 3 和 4 的混合物;(c) 化合物 4,星号表示溶剂峰

盐发生络合(见图 3.6)。另外化合物 2 与 3 在氯仿与丙酮混合溶剂中没有观察到峰的移动,表明化合物 2 与 3 在氯仿与丙酮溶液中有很弱的络合或不能络合(见图 3.7)。4 个模型化合物等摩尔混合后(见图 3.8),可以看到化合物 1 与 2,

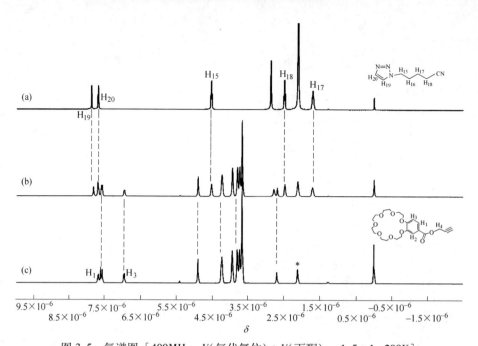

图 3.5　氢谱图 ［400MHz，V(氘代氯仿) : V(丙酮) = 1.5 : 1，298K］

（a）化合物 4；（b）等摩尔的化合物 1 和 4 的混合物；（c）化合物 1，星号表示溶剂峰

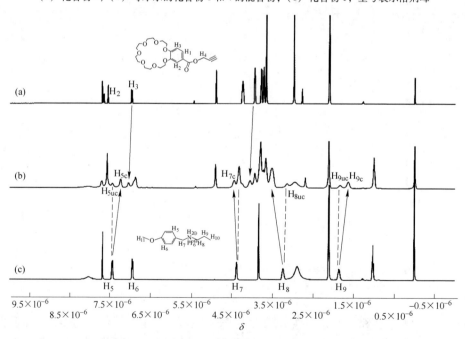

图 3.6　氢谱图 ［400MHz，V（氘代氯仿) : V（丙酮) = 1.5 : 1，298K］

（a）化合物 1；（b）等摩尔的化合物 1 和 2 的混合物；（c）化合物 2，

没有络合的单体质子，络合的单体质子分别用下标 uc，c 表示

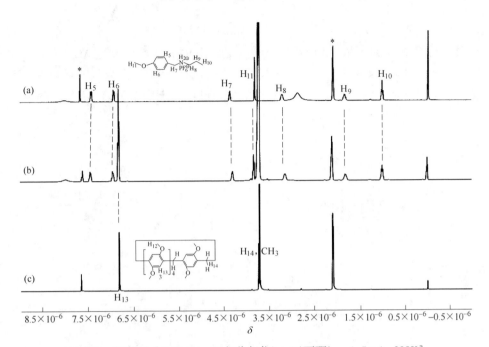

图 3.7 氢谱图 [400MHz, V(氘代氯仿)∶V(丙酮) = 1.5∶1, 298K]

(a) 化合物 1; (b) 等摩尔的化合物 1 和 4 的混合物; (c) 化合物 4, 星号表示溶剂峰

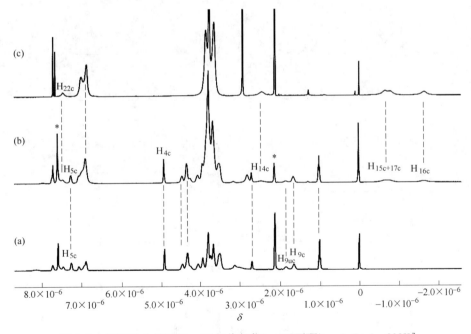

图 3.8 氢谱图 [400MHz, V(氘代氯仿)∶V(丙酮) = 1.5∶1, 298K]

(a) 等摩尔的化合物 1 和 2 的混合物; (b) 等摩尔的化合物 1, 2, 3, 4 的混合物;

(c) 等摩尔的化合物 3 和 4 的混合物, 星号表示溶剂峰

3与4选择性发生络合，表明发生了一个自分类过程。然后，研究了三单体在氘代氯仿与丙酮溶液中的浓度依赖性氢谱（见图 3.9），将单体 D_3、AC、E_3（摩尔比例为 1∶3∶1，单体 AC 浓度变化范围从 2～200mmol/L）混合后，可以观察到氢谱变得很复杂。为了归属这些复杂的氢谱，进行了 ^1H-^1H COSY 实验，并通过

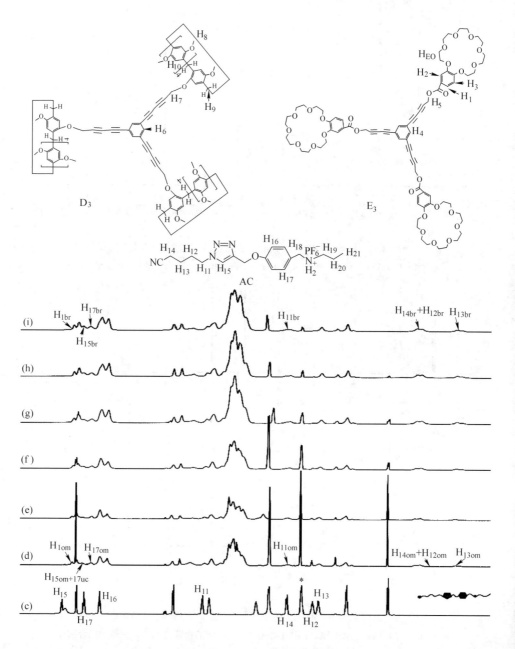

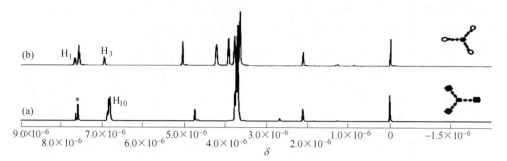

图 3.9　氢谱［400MHz，$V(CDCl_3)：V(CD_3COCD_3) = 1.5：1$，298K］

（a）单体 D_3；（b）单体 E_3；（c）单体 AC；D_3+AC+E_3 的氢谱（以 AC 浓度计算）；

（d）2mmol/L；（e）6mmol/L；（f）20mmol/L；（g）60mmol/L；（h）120mmol/L；（i）200mmol/L；没有络合的质子、络合后的超支化寡聚物、超支化聚合物分别用下标 uc，om，br 表示，星号表示溶剂峰

对比模型化合物的氢谱来归属这些复杂的氢谱。$^1H-^1H$ COSY 实验浓度为 24mmol/L，如图 3.10 所示，COSY 谱对分辨重叠的峰提供了大的帮助，例如在 ^1H NMR 上 H_{19c} 与 H_{8c}、H_{9c} 重叠在一起难以分辨，但是通过COSY 谱的 H_{19} 与 H_{20} 的近程相

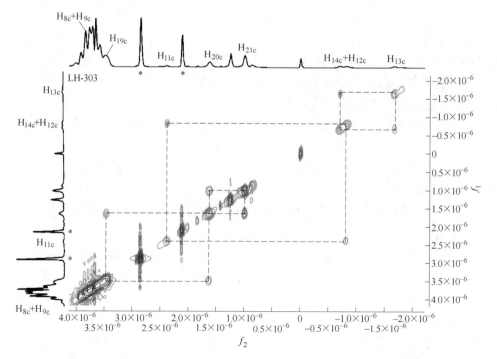

图 3.10　部分的 COSY 谱［400MHz，$V(CDCl_3)：V(CD_3COCD_3) = 1.5：1$，298K，AC 的浓度为 24mmol/L，络合的质子用下标标注为 c，星号表示溶剂峰］

关可以很方便地分辨出 H_{19c} 的化学位移。类似地,一些其他相关的信号例如 H_{11c} 与 H_{12c},H_{13c} 与 H_{14c},H_{20c} 与 H_{21c} 也被观测到,再结合模型化合物的氢谱,这些关键的氢谱质子信号都能归属清楚。在归属清楚这些复杂的氢谱质子信号后,回到图 3.9,在较低的浓度下(2mmol,见图 3.9(d)),单体 AC 上质子 H_{17} 峰被裂开成两组峰,对应于没有络合的分子(H_{17uc},7.48×10^{-6})与络合的分支状寡聚物(H_{17om},7.25×10^{-6}),反映了 B21C7 与二级铵盐的慢的交换反应[12]。另一方面,也可以观察到 AC 上的质子 H_{11}、H_{12}、H_{13}、H_{14} 明显向高场发生了位移,表明 TAPN 穿进了甲基柱[5]芳烃的洞穴。另外,从氢谱图上可以观察到在稀释的浓度下没有环形寡聚物被观察到,表明在较稀的浓度下,分枝状的寡聚物占主体地位,这与第 2 章阐述的 $A_2 + B_3$ 冠醚-二级铵盐体系十分不同。在 $A_2 + B_3$ 体系中,在稀溶液中分子内的环形寡聚物十分明显,而 D_3-AC-E_3 三单体体系没有观察到这种环形寡聚物,这是因为在氯仿与丙酮溶液中(体积比为 1.5:1)E_3 的 B21C7 只能与 AC 上的二级铵盐络合;同理,D_3 上的甲基柱[5]芳烃只能与 AC 上的中性客体 TAPN 发生络合,环性的寡聚物不能在 D_3 与 AC 之间形成,也不能在 E_3 与 AC 之间形成;进一步,由于 D_3 与 E_3 的刚性以及 AC 链的适当长度,将强烈地抑制大的环形聚合物的形成。对比于 D_3-AC-E_3 三单体体系,$A_2 + B_3$ 却可以通过分子内的穿环轻易地形成环型寡聚物(一个 A_2 穿过 B_3 的两个 B21C7 基团形成环形二聚体)。D_3 上的甲基柱[5]芳烃与 AC 上的 TAPN 络合,以及 E_3 上的 B21C7 与 AC 上的二级铵盐的络合表明一个交替的排列[D_3-AC-E_3-AC]$_n$ 发生了。随着单体浓度的增加,所有氢谱峰加宽了,表明 D_3、AC、E_3 在有机溶剂中通过自分类络合形成了超分子超支化交替共聚物。

二维 NOESY NMR 谱进一步证明了超分子超支化交替共聚物的形成。如图 3.11 所示,AC 上质子 H_{17br} 与 E_3 上质子 H_{EO} 的相关性表明 AC 单体上的二级铵盐与 E_3 上的 B21C7 发生了络合,另一方面,也能清楚地观察到 AC 上质子 $H_{11-14br}$ 与 D_3 上质子 H_{9br}、H_{10br} 的强烈相关性,表明 TAPN 穿进了柱[5]芳烃的洞穴。所有的相关性支持了 D_3、AC、E_3 在氯仿-丙酮混合溶剂中形成交替的排列(D_3-AC-E_3-AC)$_n$。

超分子超支化交替聚合物的另一个重要证据来自于黏度实验。D_3-AC-E_3 三单体体系在氯仿-丙酮(体积比为 1.5:1)溶液中的黏度通过乌氏黏度计测量,并绘制增比黏度对单体在氯仿-丙酮溶液的浓度的双对数曲线,如图 3.12(a)所示,曲线坡度在 6mmol 以下是 0.95,而当浓度超过 6mmol 时(临界聚合浓度,CPC),得到了一个曲线坡度为 1.68 的曲线,表明随着浓度的增加超分子聚合物的聚合度不断增加。另外低的临界聚合浓度也支持在较低的浓度下环形寡聚物的缺失。

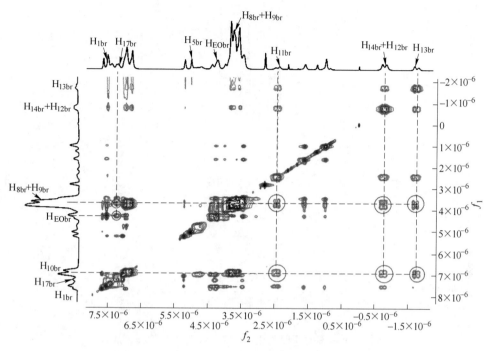

图 3.11 NOESY 谱 [400MHz, $V(CDCl_3):V(CD_3COCD_3)=1.5:1$, 298K,
AC 的浓度为 60mmol/L, 络合后的超支化聚合物质子用下标 br 表示]

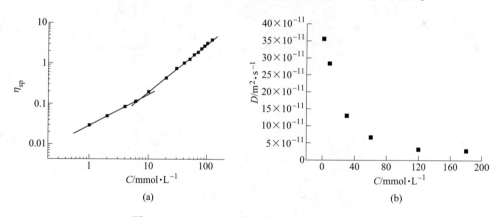

图 3.12 D_3-AC-E_3 的增比黏度图及扩散系数值

（a）在不同浓度下的增比黏度；（b）在不同浓度下的扩散系数值 [DOSY, 600MHz,
$V(CDCl_3):V(CD_3COCD_3)=1.5:1$, 298K]

二维扩散顺序的 DOSY 谱也被用来验证超分子超支化交替共聚物的形成，如图 3.12 (b)、图 3.13、图 3.14 所示，随着单体 AC 的浓度（和 1/3mol/L D_3 和 1/3mol/L E_3）从 2mmol/L 增加到 180mmol/L，测量的 D_3-AC-E_3 体系的扩散系数从

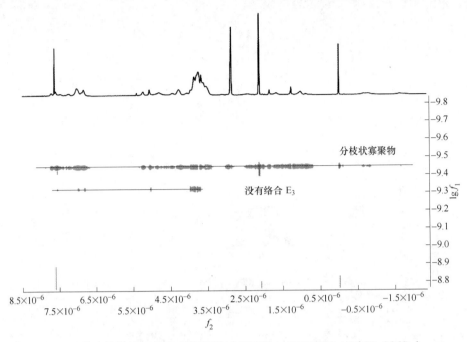

图 3.13   代表性的 D_3-AC-E_3 DOSY 谱 [600MHz，$V(CDCl_3)$：$V(CD_3COCD_3)$ = 1.5 : 1，298K，AC 浓度为 2mmol/L]

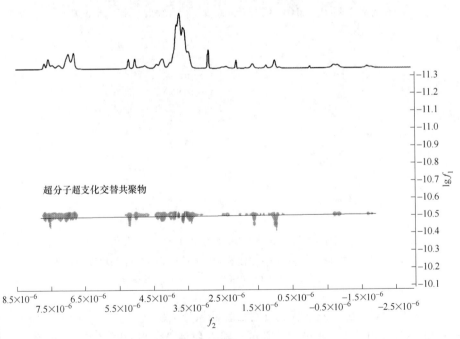

图 3.14   代表性的 D_3-AC-E_3 DOSY 谱 [600MHz，$V(CDCl_3)$：$V(CD_3COCD_3)$ = 1.5 : 1，298K，AC 浓度 120mmol/L]

$3.56×10^{-10} m^2/s$ 衰减到 $2.73×10^{-11} m^2/s$，表明超分子聚合过程呈现浓度依赖性，在较高的浓度下形成了高分子量的聚合物。图 3.13 是低浓度下的 DOSY 谱（2mmol/L），从图上可以看到主要有两个物种：没有络合的 E_3 和络合的分枝状寡聚物。值得注意的是没有络合的 D_3 从 DOSY 谱上没有观察到，这是由于柱 [5] 芳烃与 TAPN 有较强的络合常数。随着浓度的不断增加，更大的超分子聚合物不断生成，从图 3.14 上（120mmol/L）只能观察到超分子超支化交替共聚物的 DOSY 信号，意味着更大的超分子超支化交替共聚物的形成。

动态光散射和透射电镜实验被用来研究超分子超支化交替共聚物的尺寸及形态。通过动态光散射实验观察到 D_3、AC、E_3 的三单体体系（AC 浓度为 160mmol/L，见图 3.15（a））的流体动力学直径为 620nm，表明在较高浓度下尺寸较大的超分子聚合物的形成。图 3.15（b）是 D_3、AC、E_3 体系的透射电镜图，从图上可以观察到一些分枝状的结构分布于铜网上，推测单体的刚性结构可能对这些观察到的分枝状形态起着重要的作用。

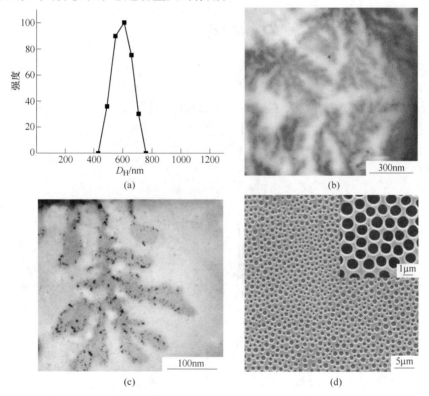

图 3.15　D3-AC-E3 三单体体系的流体动力学直径分布、透射电镜、扫描电镜图

（a）流体动力学直径分布 [53mmol/L D_3，160mmol/L AC，53mmol/L E_3，氯仿∶丙酮
（体积比为 1.5∶1），298K]；（b），（c）代表性的超分子聚合物透射电镜；
（d）2 维多孔薄膜的扫描电镜

最后研究了通过三单体方法（D_3-AC-E_3）构筑的超分子超支化交替共聚物是否能用来制备一些潜在的应用材料，比如 2 维的多孔薄膜，这类薄膜在分离、催化、组织工程等领域有潜在的应用价值[13-16]。呼吸图案法制备 2 维的多孔薄膜方法如下：称取适量的单体 D_3+AC+E_3（摩尔比为 1 : 3 : 1）溶于氯仿与丙酮的混合溶剂中（体积比为 1.5 : 1），配制成合适浓度的溶液（质量分数为 8%）。在 25℃下，相对湿度为 95% 的 100mL 广口瓶中，将 120μL 配制好的 D_3+AC+E_3 的溶液滴在干净的玻璃片上后迅速盖上瓶盖，待溶剂挥发完全后就得到了 2 维的多孔薄膜材料。如图 3.15（d）所示，扫描电镜图揭示这种有序的蜂窝状的多孔薄膜孔的平均直径约为（1±0.5）μm。蜂窝状多孔薄膜的制备要求聚合物材料有一定的段密度以便聚合物材料能及时沿着水滴沉降[17]，由于超分子聚合过程存在浓度依赖性，在溶剂的蒸发过程中，溶剂的蒸发导致超分子聚合物的形成，而聚合物的形成能有效地阻碍水滴的凝聚，在水滴被完全蒸发后从而留下有序的多孔结构。

3.4　超分子超支化交替共聚物的刺激响应性

超分子超支化交替共聚物的刺激响应性被进一步研究，由于钾离子能与 B21C7 络合并且络合能力比二级铵盐更强[18]从而可能导致超分子聚合物的解组装，如图 3.16 所示，在加入 3mol/L 的六氟磷酸钾后，由于 B21C7 与钾离子的络

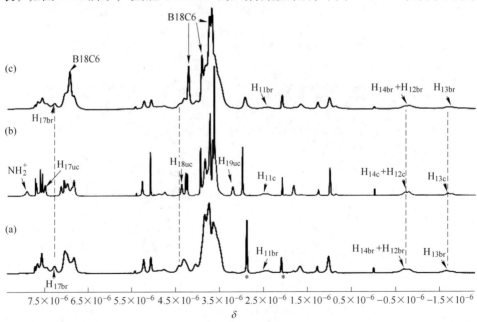

图 3.16　氢谱图 [400MHz, $V(CDCl_3)$: $V(CD_3COCD_3)$ = 1.5 : 1, 298K, AC 浓度为 50mmol/L]

（a）D_3+AC+E_3 溶液；（b）向 D_3+AC+E_3 溶液加入 3mol/L 六氟磷酸钾后；（c）再加入 3mol/L 的苯并-18-冠-6 后

合复杂的氢谱转化为更简单的氢谱，表明超分子超支化交替共聚物发生了解组装。同时观察到钾离子的加入没有破坏柱〔5〕芳烃与 TAPN 之间的络合(-7.5×10^{-7}，-1.71×10^{-6})，在加入 3mol/L 的苯并-18-冠-6 后，由于苯并-18-冠-6 与钾离子的络合能力比 B21C7 更强，导致 B21C7 与二级铵盐重新发生络合，复杂的氢谱又重新观察到，表明超分子聚合物的重新形成。NOESY 实验进一步证实了超分子聚合物的解组装与重组装过程。如图 3.17 所示，在加入六氟磷酸钾后 AC 上的质子 H_{17br} 与 E_3 上的 H_{EO} 相关性消失了，同时原来的宽峰也变窄并变得更简单，表明 B21C7 的冠醚环被钾离子络合后超分子超支化交替聚合物发生了解组装，在加入苯并-18-冠-6 后，AC 上的质子 H_{17br} 与 E_3 上的 H_{EO} 相关性恢复，同时峰再一次变宽表明超分子超支化交替聚合物重新形成。

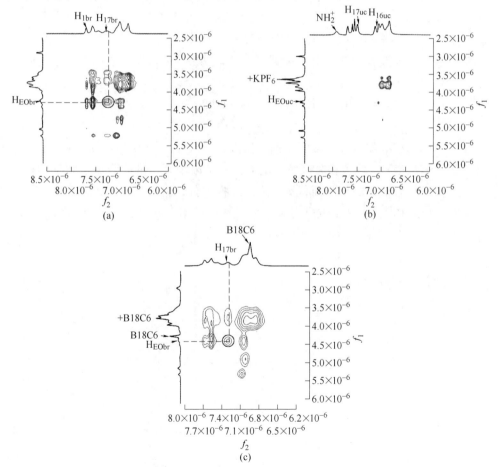

图 3.17　部分 NOESY 谱图〔400MHz，$V(CDCl_3)$：$V(CD_3COCD_3)$=1.5∶1，298K，AC 浓度为 60mmol/L〕

(a) D_3+AC+E_3 溶液；(b) 向 D_3+AC+E_3 溶液加入 3mol/L 六氟磷酸钾后；(c) 再加入 3mol/L 的苯并-18-冠-6 后

3.5 主客体络合常数的测定

3.5.1 苯并-21-冠-7 与二级铵盐络合常数的测定

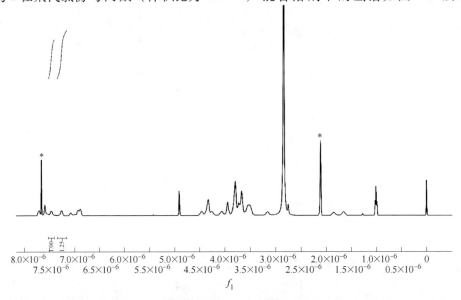

      1   2

　　为了研究超分子聚合物 $[D_3\text{-}AC\text{-}E_3\text{-}AC]_n$ 中冠醚与二级铵盐在氯仿与丙酮（体积比为 1.5∶1）混合溶剂中的络合常数，选择模型化合物 1 和 2 来估算络合常数 K_a，苯并-21-冠-7 与二级铵络合是一个慢的交换过程，因此络合常数的测定可以通过单点方法来测定，根据参考文献方法[19]，络合常数可以通过以下公式计算：

$$K_{a12} = [HG]/[H][G] = [A_{HG}/(A_{HG}+A_{HorG})] \times 1 \times 10^{-3}/$$
$$\{[1-A_{HG}/(A_{HG}+A_{HorG})] \times 1 \times 10^{-3}\}^2 \tag{3.1}$$

式中，[HG] 代表络合的 1.2 的平衡时浓度；[H] 和 [G] 分别代表未络合的 1 及 2 的平衡浓度；A 代表积分区域。K_a 能在一定浓度下通过计算络合质子的积分面积与没有络合质子的积分面积计算出来：根据公式（3.1），等摩尔的化合物 1 与 2 在氘代氯仿与丙酮（体积比为 1.5∶1）混合溶剂下的氢谱如图 3.18 所示

图 3.18 4mmol/L 的 1 和 2 的氢谱图 $[400\text{MHz}, V(\text{CDCl}_3):V(\text{CD}_3\text{COCD}_3)=1:1, 298\text{K}]$

（测试浓度为 4.00mmol/L），K_a 通过公式（3.1）计算为 $[（1.25/2.25）\times 4 \times 10^{-3}]/[（1-1.25/2.25）\times 4 \times 10^{-3}]^2 = 705L/mol$，通过测定 3 次取平均值为 $K_a =（690 \pm 45）L/mol$。

3.5.2 柱［5］芳烃与 TAPN 的络合常数测定

柱［5］芳烃与 TAPN 在氘代氯仿与丙酮（体积比为 1.5:1）混合溶剂中的络合是一个慢的交换反应，络合常数的参照第 3 章，测定值为 $（9.10 \pm 0.2）\times 10^3 L/mol$。

参 考 文 献

［1］ Dong R, Liu Y, Zhou Y, et al. Photo-reversible supramolecular hyperbranched polymer based onhost-guest interactions ［J］. Polymer Chemistry, 2011, 2（12）: 2771-2774.

［2］ Fang R, Liu Y, Z. Wang Q, et al. Water-soluble supramolecular hyperbranched polymers based on host-enhanced π-π interaction ［J］. Polymer Chemistry, 2013, 4（4）: 900-903.

［3］ Yang Z, Fan X, Tian W, et al. Nonionic cyclodextrin based binary system with upper and lower critical solution temperature transitions via supramolecular inclusion interaction ［J］. Langmuir, 2014, 30（25）: 7319-7326.

［4］ Tanak T, Gotand R, Tsutsuia A, et al. Synthesis and gel formation of hyperbranched supramolecular polymer by vine-twining polymerization using branched primer-guest conjugate ［J］. Polymer, 2015, 73（2）: 9-16.

［5］ Sun M, Zhang H, Hu X, et al. Hyperbranched supramolecular polymer of tris（permethyl-β-cyclodextrin）s with porphyrins: characterization and magnetic resonance imaging ［J］. Chinese Journal of Chemistry, 32（8）: 771-776.

［6］ Huang F, Gibson H W. Formation of a supramolecular hyperbranched polymer from self-organization of an AB2 monomer containing a crown ether and two paraquat moieties ［J］. Journal of the American Chemical Society, 2004, 126（45）: 14738, 14739.

［7］ Wang F, Han C, He C, Huang F, et al. Self-sorting organization of two heteroditopic monomers to supramolecular alternating copolymers ［J］. Journal of the American Chemical Society, 2008, 130（34）: 11254, 11255.

［8］ Ogoshi T, Kayama H, Yamafuji D, et al. Supramolecular polymers with alternating pillar［5］arene and pillar［6］arene units from a highly selective multiple host-guest complexation system and monofunctionalized pillar［6］arene ［J］. Chemical Science, 2012, 3（11）: 3221-3226.

［9］ Yan X, Cook T R, Pollock J B, et al. Responsive supramolecular polymer metallogel constructed by orthogonal coordination-driven self-assembly and host/guest interactions ［J］. Journal of the American Chemical Society, 2014, 136（12）: 4460-4463.

［10］ Yang Z, Fan X, Tian W, et al. Nonionic cyclodextrin based binary system with upper and lower critical solution temperature transitions via supramolecular inclusion interaction [J]. Langmuir, 2014, 30 (25): 7319-7326.

[11] Ganguly, Roy S, Mondal P. An efficient copper (Ⅱ)-catalyzed direct access to primary amides from aldehydes under neat conditions [J]. Tetrahedron Letters, 2012, 53 (11): 1413-1416.

[12] Zhang C, Li S, Zhang J, et al. Benzo-21-crown-7/secondary dialkylammonium salt [2] pseudorotaxane- and [2] rotaxane-type threaded structures [J]. Organic Letters, 2007, 9 (26): 5553-5556.

[13] Ihor T, Sergiy M. Multiresponsive, hierarchically structured membranes: new, challenging, biomimetic materials for biosensors, controlled release, biochemical gates, and nanoreactors [J]. Advanced Materials, 2009, 21 (2): 241-247.

[14] Ma C Y, Zhong Y W, Li J, et al. Patterned carbon nanotubes with adjustable array: a functional breath figure approach [J]. Chemistry of Materials, 2010, 22 (7): 2367-2374.

[15] Min E, Wong K, Stenzel M H. Microwells with patterned proteins by a self-assembly process using honeycomb-structured porous films [J]. Advanced Materials, 2008, 20 (18): 3550-3556.

[16] Barbetta A, Dentini M, De Vecchis M, et al. Scaffolds based on biopolymeric foams [J]. Advanced Functional Materials, 2005, 15 (1): 118-124.

[17] Chen J, Yan X, Zhao Q, et al. Adjustable supramolecular polymer microstructures fabricated by the breath figure method [J]. Polymer Chemistry, 2012, 3 (3): 458-462.

[18] Zheng B, Zhang M, Huang F, et al. A benzo-21-crown-7/secondary ammonium salt [c2] daisy chain [J]. Organic Letters, 2012, 14 (1): 306-309.

[19] Xiao T, Feng X, Wang Q, et al. Switchable supramolecular polymers from the orthogonal self-assembly of quadruple hydrogen bonding and benzo-21-crown-7-secondary ammonium salt recognition [J]. Chemical Communications, 2013, 49 (75): 8329-8331.

4 竞争性自分类组装实现超分子均聚物到共聚物的结构转化

4.1 概述

近年来，利用超分子化学主客体反应设计不同的超分子聚合物已成为当前聚合物化学的重要研究课题[1-10]。超分子聚合物不仅拥有传统共价键聚合物的许多特性如较高的黏度，可作为基因药物载体等，也具有很多独有的特性，例如自修复性、刺激响应性等[11,12]。根据聚合物骨架的不同，超分子聚合物主要包括均聚物和共聚物。超分子均聚物可以通过一种单体的非共价键反应来构筑，而超分子共聚物由两种以上的单体通过一种或多种非共价键反应来构筑。与超分子均聚物相比，超分子共聚物不仅丰富了超分子聚合物的种类，而且也能拥有一些特有的功能，由于超分子共聚物的合成程序是相对复杂和耗时的，因此有必要发展一些新的方法直接将超分子均聚物转化为共聚物来进一步扩展他们的功能和应用。

到目前为止，由于超分子化学家的不懈努力，在不同类的超分子聚合物间的转化已有不少文献报道，包括从线性的超分子聚合物到交联的聚合物[13,14]。例如黄飞鹤等人利用苯并-21-冠-7与二级铵盐的主客体反应在溶液中首先组装了一个线性的超分子聚合物，向上述体系加入金属交联剂 Pd 后，由于超分子线性聚合物上的三氮唑基团能与 Pd 发生交联而转化成一种交联的超分子聚合物[13]。王乐勇等人利用 UPy 功能化的柱芳烃在溶液中通过 UPy 之间的多重氢键首先形成了线性超分子聚合物，在加入一个百草枯衍生物二聚体后由于柱芳烃与百草枯衍生物的主客体反应而得到了交联的聚合物[14]。可是，目前在相同种类的超分子聚合物之间的转化还未见报道，例如从超分子超支化聚合物向另一种超分子超支化聚合物的转化。

以"正交"模式联合多种非共价键反应来构筑复杂的超分子聚合物或实现不同种类的超分子聚合物的转化是一种方便和有效的方法。这里正交的定义为"在一个系统中多种非共价键反应没有干涉地起作用"[15,16]，例如前面报道的两个例子都是通过两种非价键反应以一种"正交"的方式来实现转化的。但是正交的方式正是由于它的不干涉性在实现相同种类的超分子聚合物的转化方面会遇到困难。相比于"正交"的方式，竞争性的自分类反应（competitive self-sorting）由于它允许破坏原有的超分子系统并且能够通过自分类识别来实现重构，在实现相同种类的超分子聚合物转化方面拥有自己独有的优势。基于以上的讨论，本章介绍了一个利用竞争性自分类方法的例子：超分子超支化均聚物向超分子超支化交替共聚物的可控性转化。首先合成了两种不同的单体 AB_2 和 CD_2（见图 4.1），单体 AB_2 由二级铵盐功能化的柱［5］芳烃组成，单体 CD_2 由一个含有三氮唑的中性客体及两个苯并-21-冠-7（B21C7）组成，探讨了 AB_2 在氯仿溶液中能否自

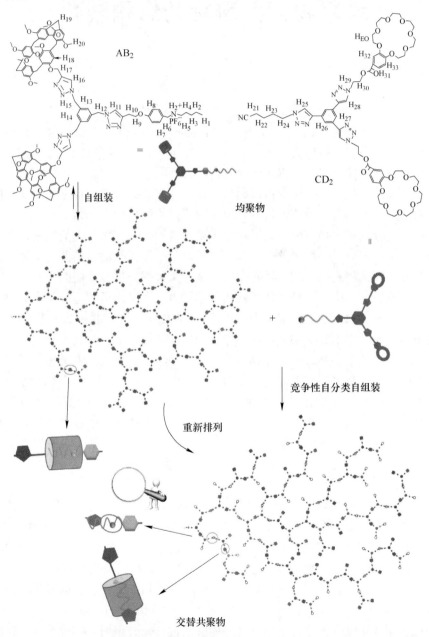

图 4.1　单体 AB_2 和 CD_2 的化学结构及超分子超支化均聚物向共聚物转化示意图

组装成超分子超支化聚合物（均聚物），在 AB₂ 组装成超分子超支化聚合物的基础上加入另一个单体 CD₂ 能否破坏原有的超分子超支化聚合物并且是否能重新组装成一个交替的超分子超支化聚合物（共聚物），并阐述了这两种超分子超支化聚合物的刺激响应性。

4.2 单体的合成及表征

单体 AB₂ 和 CD₂ 的合成路线如图 4.2 所示，所有合成的新化合物都通过氢谱、碳谱、高分辨率质谱得到表征。

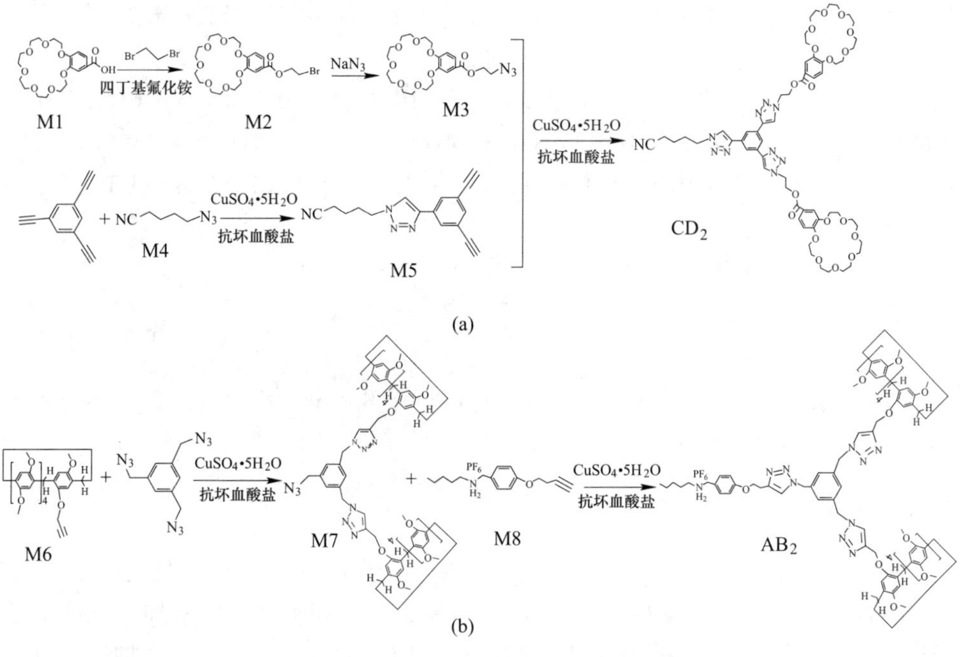

图 4.2 单体 AB₂ 和 CD₂ 的合成路线图
(a) CD₂ 的合成；(b) AB₂ 的合成

中间体 M1 的合成以六甘醇为起始原料，在碱的作用下与对甲苯磺酰氯反应后，再与 3，4-二羟基苯甲酸甲酯在 K⁺ 的模板作用下在加热的情况下得到了化合物苯并-21-冠-7 酯，经水解后得到 M1。

M3 的合成以 M1 为起始原料，在四丁基氟化铵作用下与过量的 1，2-二溴乙烷得到粗产物，通过柱层析分离纯化得到 M2。M2 再与叠氮化钠通过取代反应以高产率得到 M3。

M4 与过量的 1，3，5-三乙炔基苯在铜盐与抗坏血酸钠催化下通过点击反应得到 M5，这里 1，3，5-三乙炔基苯相对 M4 过量以便得到一个点击反应的产物，副产物可以通过过柱去除。化合物 M7、单体 AB$_2$、CD$_2$ 的合成也通过点击反应来完成。

4.2.1　化合物 M2 的合成

将化合物 M1（2.00g，5.0mmol），1，2-二溴乙烷（4.69g，25.0mmol）置于150mL 圆底烧瓶中，加入 8mL 浓度为 1mol/L 的四丁基氟化铵，再加入 55mL 四氢呋喃，将上述混合物在室温下搅拌 12h，反应完毕后将反应液倒入分液漏斗中，加入 100mL 水，加入 150mL 二氯甲烷分 2 次萃取，合并萃取液后水洗，萃取液用无水硫酸钠干燥，过滤，滤液在减压下旋去溶剂，粗产品以硅胶柱分离纯化［V(二氯甲烷)：V(甲醇)＝60：1］得到 2.40g 白色固体 M2，产率 95%。M2的氢谱、碳谱、质谱如下所示。

^{1}H NMR（400MHz，CDCl$_3$，298K）：δ（10^{-6}）＝3.65（t，J＝6.0Hz，2H），3.69（m，8H），3.76（m，4H），3.83（m，4H），3.97（m，4H），4.23（m，4H），4.61（t，J＝6.0Hz，2H），6.90（d，J＝8.4Hz，1H），7.57（s，1H），7.70（d，J＝8.4Hz，1H）.

^{13}C NMR（100MHz，CDCl$_3$）：δ（10^{-6}）＝165.74，153.24，148.33，124.20，122.27，114.69，112.30，71.33，71.22，71.13，71.02，70.56，69.62，69.47，69.34，69.13，64.03，28.95.

HR-ESI-MS（C$_{21}$H$_{31}$BrO$_9$）：m/z calcd for ［M＋Na］$^+$＝531.1029，found＝531.1037，error 1.5×10^{-6}.

4.2.2　化合物 M3 的合成

氮气氛围下，将化合物 M2（1.50g，2.95mmol）、叠氮化钠（0.98g，15.0mmol）置于圆底烧瓶中，加入 60mL 丙酮，在搅拌下将反应液加热到回流并反应 12h，反应完毕后冷却到室温，将上述反应液倒入分液漏斗中，加入 150mL 水，150mL 二氯甲烷分 3 次萃取，合并萃取液并水洗，无水硫酸钠干燥萃取液后过滤，滤液在减压下旋去有机溶剂，粗产品以硅胶柱分离纯化［V(二氯甲烷)：V(甲醇)＝60：1］得到 0.76g 白色固体 M3，产率 55%。M3 的氢谱、碳谱、质谱如下所示。

^{1}H NMR（400MHz，CDCl$_3$，298K）：δ（10^{-6}）＝3.60（t，J＝6.0Hz，2H），3.69（m，8H），3.76（m，4H），3.83（m，4H），3.96（m，4H），4.23（m，4H），4.50（t，J＝6.0Hz，2H），6.90（d，J＝8.4Hz，1H），7.58（s，1H），7.71（d，J＝8.4Hz，1H）.

^{13}C NMR（100MHz，CDCl$_3$）：δ（10^{-6}）＝165.94，153.22，148.36，124.21，122.19，114.49，112.33，71.37，71.27，71.16，71.02，70.58，

69.62，69.49，69.29，69.17，63.64，50.07.

HR-ESI-MS（$C_{21}H_{31}BrO_9$）：m/z calcd for $[M+Na]^+$ = 492.1958，found = 492.1960，error5.0×10^{-7}.

4.2.3 化合物 M5 的合成

在氮气下，将 M4（2.00g，16.1mmol）和 1，3，5-三乙炔基苯（4.83g，32.2mmol）置于 150mL 圆底烧瓶中，加入 100mL 二氯甲烷和水（体积比为 1∶1），$CuSO_4 \cdot 5H_2O$（40mg，1.6mmol）和抗坏血酸钠（79.2mg，4.0mmol），将上述混合物室温下搅拌 2 天，反应完毕后将反应液倒入分液漏斗中，加入 100mL 二氯甲烷萃取，合并萃取液后用无水硫酸钠干燥，过滤后在减压下旋干滤液，粗产品以硅胶柱分离纯化［V（二氯甲烷）：V（甲醇）= 60∶1］得到 1.98g 白色固体 M5，产率 45%。M5 的氢谱、碳谱如下所示。

^{1}H NMR（400MHz，CDCl$_3$，298K）：δ（10^{-6}）= 1.73（m，2H），2.15（m，2H），2.43（t，J = 6.8Hz，2H），3.12（s，2H），4.48（t，J = 6.8Hz，2H），7.58（s，1H），7.80（s，1H），7.94（s，1H）.

^{13}C NMR（100MHz，CDCl$_3$）：δ（10^{-6}）= 146.35，135.07，131.06，129.47，123.22，120.02，118.87，82.22，78.41，49.38，29.08，22.33，16.74.

HR-ESI-MS（$C_{17}H_{14}N_4$）：m/z calcd for $[M+Na]^+$ = 297.1116，found = 297.1110，error 2.0×10^{-6}.

4.2.4 单体 CD$_2$ 的合成

在氮气氛围下，将化合物 M5（2.0g，4.3mmol）和化合物 M3（0.47g，1.94mmol）置于 150mL 圆底烧瓶中，加入 $CuSO_4 \cdot 5H_2O$（96mg，0.38mmol）、抗坏血酸钠（182.4mg，0.95mmol），加入 100mL 四氢呋喃及 25mL 水。将上述反应液在 60℃下搅拌反应 24h，反应完毕后冷却到室温，将反应液倒入分液漏斗，加入 100mL 水，100mL 二氯甲烷分两次萃取，合并萃取液后用无水硫酸钠干燥，过滤后将滤液在减压下旋去有机溶剂，粗产品以硅胶柱分离纯化［V（二氯甲烷）：V（甲醇）= 30∶1］得到 1.45g 白色固体 CD$_2$，产率 45%。CD$_2$ 的氢谱、氮谱、质谱如下所示。

^{1}H NMR（400MHz，CDCl$_3$，298K）：δ（10^{-6}）= 1.76（m，2H），2.18（m，2H），2.47（t，J = 6.8 Hz，2H），3.67（m，20H），3.75（m，8H），3.81（m，4H），3.87（m，4H），3.94（m，4H），4.17（m，4H），4.22（m，4H），4.53（t，J=6.8Hz，2H），4.78（m，4H），4.86（m，4H），6.93（d，J = 8.4Hz，1H），7.50（s，1H），7.64（d，J = 8.4Hz，1H），8.00（s，1H），8.09（s，2H），8.29（s，1H），8.33（s，1H）.

^{13}C NMR （100MHz, CDCl$_3$）: $\delta(10^{-6})$ = 165.65, 153.42, 148.38, 131.70, 124.22, 122.48, 121.79, 121.22, 118.98, 114.57, 112.46, 71.30, 71.15, 71.08, 71.06, 70.96, 70.93, 70.54, 70.52, 69.54, 69.45, 69.35, 69.15, 62.63, 49.56, 49.40, 29.05, 22.33, 16.69.

HR-ESI-MS（C$_{59}$H$_{76}$N$_{10}$O$_{18}$）: m/z calcd for [M+Na]$^+$ = 1235.5237, found = 1235.5208, error -2.3×10^{-6}.

4.2.5   化合物 M7 的合成

在氮气氛围下，将化合物 M6（3.0g，3.8mmol）与 1，3，5-三苄基叠氮（0.47g，1.94mmol）置于 300mL 圆底烧瓶中，加入 150mL 四氢呋喃、50mL 水、CuSO$_4$·5H$_2$O（96mg，0.38mmol）和抗坏血酸钠（182.4mg，0.95mmol）。将上述反应液加热到 60℃并反应 24h，反应完毕后反应液冷却到室温后倒入分液漏斗，加入 100mL 水，150mL 二氯甲烷分两次萃取，合并萃取液后用无水硫酸钠干燥，过滤后滤液在减压下旋去有机溶剂后得到粗产品，粗产品以硅胶柱分离纯化 [V(二氯甲烷):V(甲醇) = 30:1] 得到 1.36g 白色固体 M7，产率 40%。M7 的氢谱、碳谱、质谱如下所示。

^{1}H NMR（400MHz, CDCl$_3$, 298K）: $\delta(10^{-6})$ = 3.42(s, 6H), 3.67(m, 48H), 3.80(m, 20H), 4.23(s, 2H), 5.05(s, 4H), 5.53(s, 4H), 6.64(s, 2H), 6.79(m, 16H), 6.89(s, 2H), 7.17(s, 2H), 7.20(s, 1H), 7.57(s, 2H).

^{13}C NMR（100MHz, CDCl$_3$）: $\delta(10^{-6})$ = 151.40, 150.94, 150.89, 150.82, 150.75, 149.31, 145.77, 137.97, 136.61, 128.42, 128.38, 128.32, 128.08, 127.50, 122.72, 115.42, 114.29, 114.24, 114.14, 114.06, 113.99, 62.97, 55.94, 55.88, 55.82, 55.74, 55.62, 53.78, 53.46, 29.84, 29.65.

MALDI-FT-ICR-MS（C$_{103}$H$_{109}$N$_9$O$_{20}$）: m/z calcd for [M+Na]$^+$ = 1815.7720, found = 1815.7716, error -0.2×10^{-6}.

4.2.6   单体 AB$_2$ 的合成

在氮气氛围下，将化合物 M7（2.0g，1.11mmol）、M8（0.43g，1.11mmol）置于 150mL 圆底烧瓶中，加入 100mL 四氢呋喃、20mL 水、CuSO$_4$·5H$_2$O（27.5mg，0.11mmol）和抗坏血酸钠（52.5mg，0.27mmol）。将上述反应液加热到 60℃并反应 16h，反应完毕后冷却到室温，将反应液倒入分液漏斗，加入 100mL 水，150mL 二氯甲烷分 3 次萃取，合并萃取液后用无水硫酸钠干燥，过滤后滤液在减压下旋去有机溶剂后得到粗产品，粗产品以硅胶柱分离纯化 [V(二氯甲烷):V(甲醇) = 30:1] 得到 1.09g 白色固体 AB$_2$，产率 45%。AB$_2$ 的氢谱、碳谱、质谱如下所示。

^{1}H NMR(400MHz, CD$_3$COCD$_3$, 298K): δ(10^{-6}) = 0. 46(t, J = 5. 6Hz, 3H),
0. 58(m, 4H), 1. 47(m, 2H), 3. 14(t, J = 6. 8Hz, 3H), 3. 48(s, 6H),
3. 78(m, 68H), 4. 28(t, J = 6. 4Hz, 2H), 4. 41(s, 2H), 5. 06(s, 4H),
5. 62(s, 2H), 5. 71(s, 4H), 6. 79(s, 2H), 6. 93(m, 16H), 7. 03(d, J =
8. 4Hz, 2H), 7. 05(s, 2H), 7. 41(s, 2H), 7. 48(s, 1H), 7. 53(d, J =
8. 4Hz, 2H), 7. 84(s, 1H), 8. 21(s, 2H), 8. 25(br, 2H).

^{13}C NMR (100MHz, CD$_3$COCD$_3$): δ(10^{-6}) = 159. 88, 151. 00, 150. 62,
150. 54, 150. 50, 149. 33, 144. 62, 144. 39, 137. 85, 137. 57, 131. 79, 128. 71,
128. 35, 128. 29, 128. 22, 128. 02, 127. 74, 123. 85, 115. 12, 114. 96, 113. 88,
113. 76, 113. 64, 113. 45, 66. 96, 62. 21, 55. 41, 55. 33, 55. 30, 55. 09,
55. 03, 48. 03, 27. 69, 25. 79, 25. 62, 21. 17, 13. 19.

MALDI-FT-ICR-MS(C$_{119}$H$_{133}$F$_6$N$_{10}$O$_{21}$P): m/z calcd for [M-PF$_6^-$]$^+$ = 2038. 9680,
found = 2038. 9686, error3×10^{-7}.

4.3 超分子均聚物的构筑及结构转变

首先合成了两个单体 AB$_2$ 及 CD$_2$，AB$_2$ 由二级铵盐功能化的柱［5］芳烃构成，CD$_2$ 由一个中性客体及两个 B21C7 基团组成（见图 4.1）。浓度依赖性的氢谱实验证明了 AB$_2$ 在氘代氯仿中的自组装行为，如图 4.3（b）所示，AB$_2$ 的甲基上的质子 H$_1$、H$_2$、H$_3$、H$_4$、H$_5$ 在氘代氯仿溶液中由于柱［5］芳烃的富电子空腔的场效应明显向高场发生了移动（-2.5×10^{-7}，-1.26×10^{-6}，-1.71×10^{-6}，-0.51×10^{-7}，1.68×10^{-6}），表明 AB$_2$ 上的二级铵盐基团穿进了柱［5］芳烃的空腔，另外通过氢谱图可以观察到柱［5］芳烃与二级铵盐的主客体反应是一个快的交换过程。随着单体 AB$_2$ 的浓度增加，氢谱峰变宽，表明 AB$_2$ 单体自组装成了超分子超支化聚合物。考虑到柱［5］芳烃能与多种客体络合[17-27]，包括阳离子和中性的客体，而且他们的络合常数表现不同，因此通过加入一些竞争性的客体可能能实现基于 AB$_2$ 的超分子超支化聚合物的解组装。CD$_2$ 是一个精心设计的单体，一端带有一个中性客体基团（TAPN），另一端带有两个 B21C7 基团。由于中性客体 TAPN 不能与 B21C7 发生主客体络合，因此 CD$_2$ 单体在氘代氯仿中自身不能自组装成超分子聚合物，但是 CD$_2$ 上的 TAPN 能与 AB$_2$ 上的柱［5］芳烃发生包裹反应，并且络合常数柱［5］芳烃-TAPN 要大于柱［5］芳烃-二级铵盐；另一方面，二级铵盐能很好地与 B21C7 发生络合[28]。因此基于 AB$_2$ 的超分子超支化均聚物［AB$_2$］n 在加入 CD$_2$ 后应该能发生聚合物的解组装并且与 CD$_2$ 重新形成一个超分子超支化交替共聚物［AB$_2$-CD$_2$］n。如图 4.3（e）所示，在加入 1mol/L 的 CD$_2$ 单体到 AB$_2$ 的氘代氯仿溶液后，可以很清晰地观察到原先络

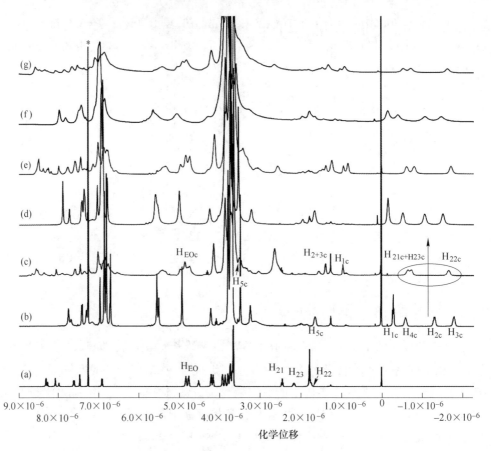

图 4.3 氢谱图 (400MHz，CDCl₃，298K)

(a) 单体 CD₂；(b) 单体 AB₂(2mmol/L)；(c) AB₂+CD₂ (2mmol/L)；(d) 单体 AB₂(100mmol/L)；

(e) AB₂+CD₂(100mmol/L)；(f) AB₂(280mmol/L)；(g) AB₂+CD₂(280mmol/L)

(AB₂+CD₂ 的氢谱以 AB₂+CD₂ 的浓度计算，络合后的质子以用下标 c 表示，星号表示溶剂峰)

合的 H_{1c}、H_{2c}、H_{3c}、H_{4c}、H_{5c} 质子消失了，而新的络合峰 (H_{21c}，H_{22c}，H_{23c}) 被观察到，表明二级铵盐被竞争性的中性客体 TAPN 挤出了柱 [5] 芳烃的洞穴，CD₂ 上的 TAPN 穿进了 AB₂ 上的柱 [5] 芳烃的洞穴；同时可以观察到 CD₂ 上的 B21C7 与 AB₂ 上的二级铵盐产生了主客体络合 [H_{EOc}，$(5.12 \sim 4.85) \times 10^{-6}$；$H_{5c}$，$3.66 \times 10^{-6}$]，氢谱峰也明显变得更加复杂。由于 B21C7 与二级铵盐是一个慢的交换过程（借助于 ¹H-¹H COSY 实验这些复杂的氢谱峰的一些关键的峰的化学位移能被清晰地归属，见图 4.4 和图 4.5），这个过程表明 AB₂ 型超分子超支化均聚物在加入 CD₂ 后发生了解组装并且和 CD₂ 重新组装成一个交替的排列 (AB₂-CD₂)n，在较高的浓度下，氢谱峰明显变宽表明超分子超支化交替共聚物的形成。

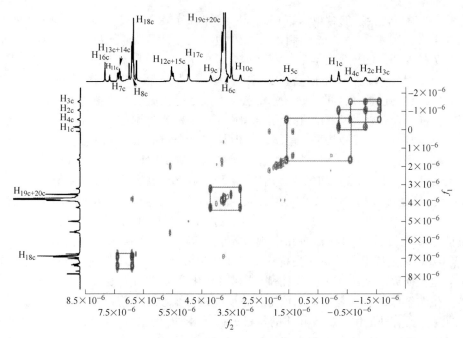

图 4.4 部分的 AB$_2$ COSY 谱图 （400MHz，CDCl$_3$，298K，
AB$_2$ 的浓度为 70mmol/L；络合的质子用下标标注为 c）

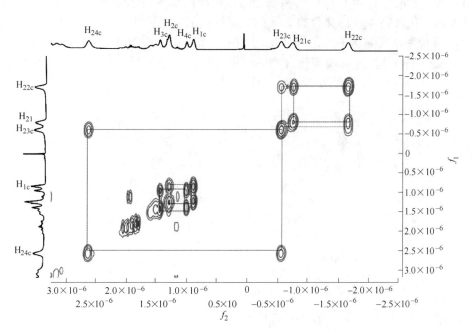

图 4.5 部分的 AB$_2$+CD$_2$ COSY 谱图 （400MHz，CDCl$_3$，298K，
AB$_2$+CD$_2$ 的浓度为 70mmol/L；络合的质子用下标标注为 c）

4 个模型化合物的合成来进一步证明这种自分类络合过程在氘代氯仿溶液中的发生（见图 4.6）。首先配制了一系列包含两个或 3 个模型化合物的混合物，图 4.7 是等摩尔的模型化合物 1 与 2 混合后的氢谱，可以观察到 2 上的质子 H_6、H_7、H_8、H_9、H_{10}、H_{11} 都向高场发生了移动，表明二级铵盐穿进了柱［5］芳烃的洞穴。这与前面阐述的二级铵盐与柱［5］芳烃在氯仿与丙酮的混合溶剂里的络合不同，在氯仿与丙酮的混合溶剂中由于丙酮的极性引起了溶剂化效应导致二级铵盐与柱［5］芳烃几乎不能络合。但是在一个纯的氘代氯仿里，可以清晰地观察到二级铵盐与柱［5］芳烃的络合。在氘代氯仿中模型化合物 1 与 4 的等摩尔混合物（见图 4.8）的氢谱显示柱［5］芳烃能包裹 TAPN，类似以前的报道[29]。模型化合物 1+2+4 的等摩尔混合物的氢谱也被研究，从图 4.9 可以清晰地观测到等摩尔的化合物 1+2+4 在氘代氯仿中的氢谱峰的移动与化合物 1+4 的峰的移动位置几乎相同，而几乎观察不到化合物 1+2 的主客体络合，表明柱［5］芳烃在氘代氯仿溶液里更优先地与 TAPN 络合。B21C7 与二级铵盐的主客体配合也被研究。从图 4.10 可以清晰地观察到化合物 3 与 2 混合后在氘代氯仿中能发生主客体络合，氢谱显示该主客体反应是一个慢的交换反应。而化合物 3 与 4 的混合氢谱只是化合物 3 和 4 的氢谱的简单相加（见图 4.11），说明中性客体 TAPN 不能与 B21C7 发生主客体反应。类似地，等摩尔的化合物 2+3+4 在氘代氯仿中的氢谱峰的移动与化合物 2+3 的峰的移动位置几乎相同（见图 4.12），最后混合等摩尔的化合物 1、2、3、4 后也可以清晰地观察到化合物 1+2+3+4 的氢谱几乎就是化合物 1+4 与化合物 2+3 的氢谱的相加（见图 4.13）。以上结果说明柱［5］芳烃在氘代氯仿里能选择性地与 TAPN 络合，同时 B21C7 选择性地与二级铵盐发生主客体反应。模型化合物的氢谱实验很好地证明了自分类络合的发生，与 AB_2 或 AB_2+CD_2 氢谱分析结果一致。

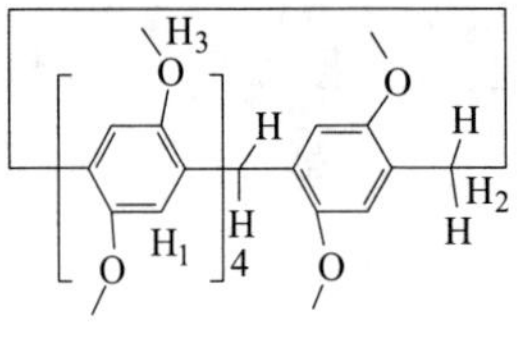

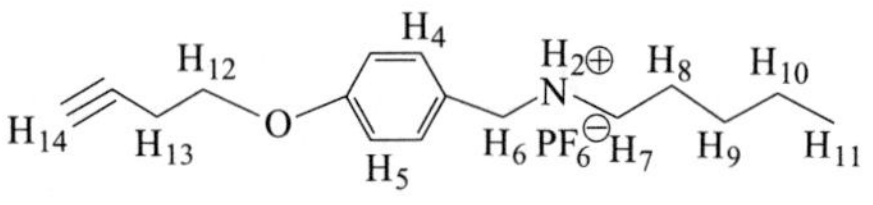

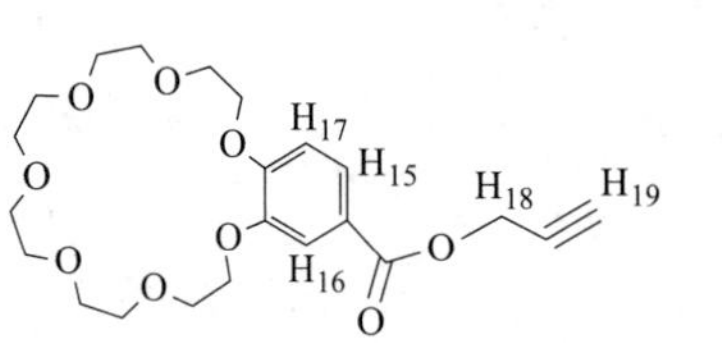

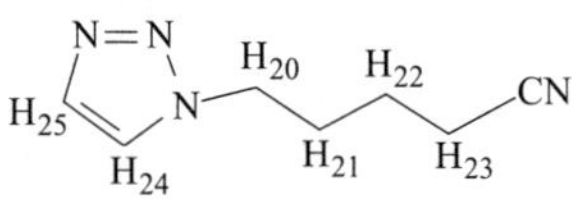

图 4.6 模型化合物 1~4 的化学结构

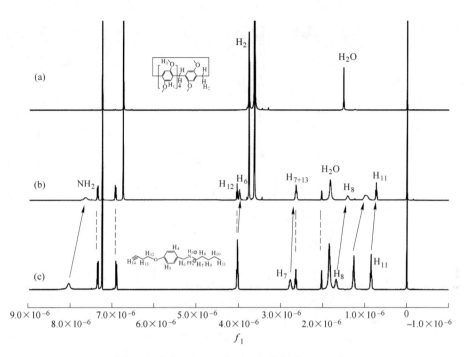

图 4.7　氢谱图（400MHz，氘代氯仿，298K）

（a）化合物 1；（b）等摩尔的化合物 1+2 的混合物；（c）化合物 2

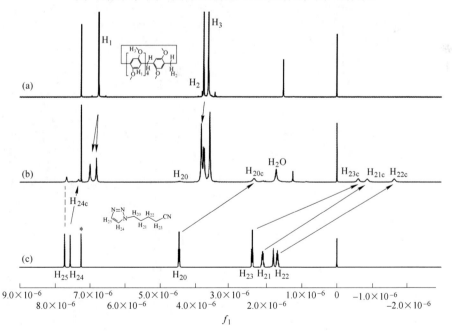

图 4.8　氢谱图（400MHz，氘代氯仿，298K）

（a）化合物 1；（b）等摩尔的化合物 1+4 的混合物；（c）化合物 4（星号表示溶剂峰）

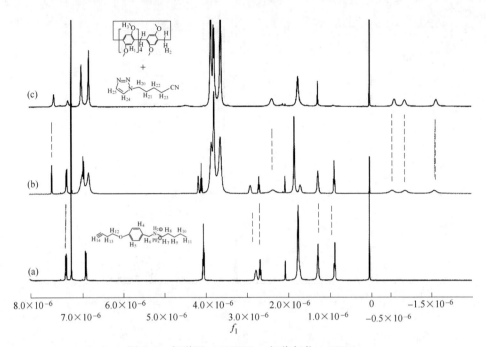

图 4.9 氢谱图 (400MHz, 氘代氯仿, 298K)

(a) 化合物 2; (b) 等摩尔的化合物 1+2+4 的混合物; (c) 等摩尔的化合物 1+4

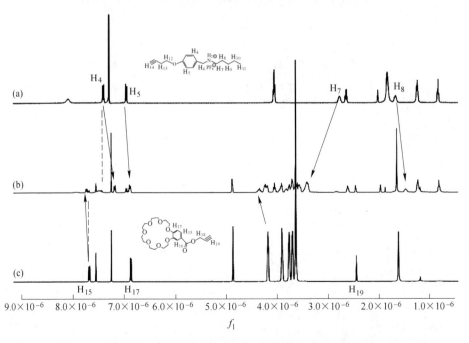

图 4.10 氢谱图 (400MHz, 氘代氯仿, 298K)

(a) 化合物 2; (b) 等摩尔的化合物 2+3 的混合物; (c) 化合物 3

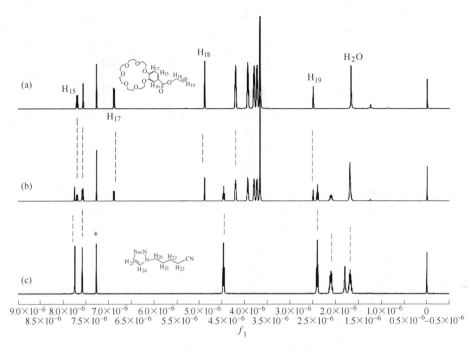

图 4.11　氢谱图（400MHz，氘代氯仿，298K）

（a）化合物 3；（b）等摩尔的化合物 3+4 的混合物；（c）化合物 4（星号表示溶剂峰）

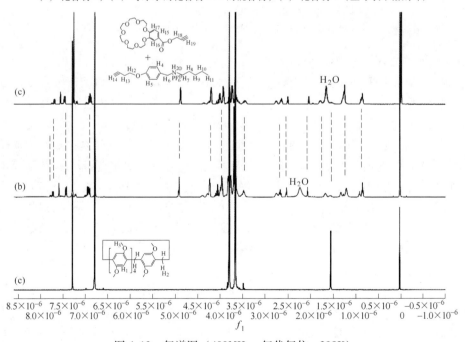

图 4.12　氢谱图（400MHz，氘代氯仿，298K）

（a）化合物 1；（b）等摩尔的化合物 1+2+3 的混合物；（c）化合物 2+3

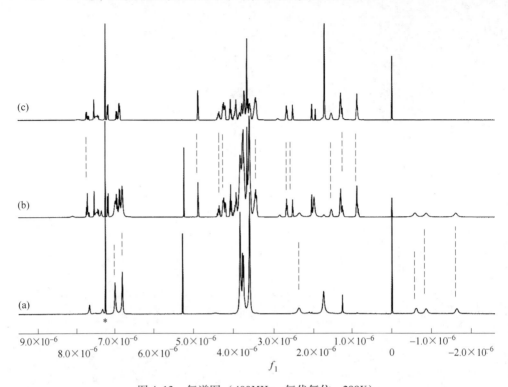

图 4.13 氢谱图（400MHz，氘代氯仿，298K）

（a）化合物 1+4；（b）等摩尔的化合物 1+2+3+4 的混合物；（c）化合物 2+3（星号表示溶剂峰）

二维 NOESY 实验进一步验证了 AB_2 超分子均聚物的形成及在 AB_2 系统中加入 CD_2 后超分子聚合物的结构转化。如图 4.14（a）所示，可以很清晰地观察到 AB_2 上的质子 H_{1-6} 与 H_{18-20} 的强烈相关性，表明在氘代氯仿中 AB_2 上的二级铵盐穿进了 AB_2 上的柱［5］芳烃的空腔，当向上述体系中加入 CD_2 后，可以观察到 AB_2 上的 H_{1-6} 与 H_{18-20} 相关性消失了（见图 4.14（b）），而观察到来自 CD_2 上质子 H_{21-24} 与 AB_2 上的质子 H_{18-20} 新的相关性，表明 AB_2 上的二级铵盐部分滑出了 AB_2 上柱［5］芳烃的洞穴，而 CD_2 上的 TAPN 部分穿进了 AB_2 上的柱［5］芳烃空腔。另一方面 AB_2 上的质子 H_5，H_7 与 CD_2 上冠醚环上的 H_{EO} 相关性被观察到，表明从柱［5］芳烃空腔中被挤出的二级铵盐与 CD_2 上的冠醚环发生了络合。以上这些相关性支持了 AB_2 超分子均聚物在加入 CD_2 后发生了解组装，并重新与 CD_2 组装成一个新的超分子超支化交替共聚物。

AB_2 及 AB_2+CD_2 系统在氯仿溶液中的增比黏度如图 4.15（a）所示，在较低的浓度下，AB_2 与 AB_2+CD_2 的曲线坡度都接近 1。随着单体浓度不断增加，当浓度超过临界聚合浓度时，分别观察到 AB_2 与 AB_2+CD_2 的曲线坡度为 1.95 和 2.11（AB_2 临界聚合浓度为 31mmol/L，AB_2+CD_2 系统为 18mmol/L），表明超分子超支化聚合物随着浓度的增加聚合度逐渐增加。

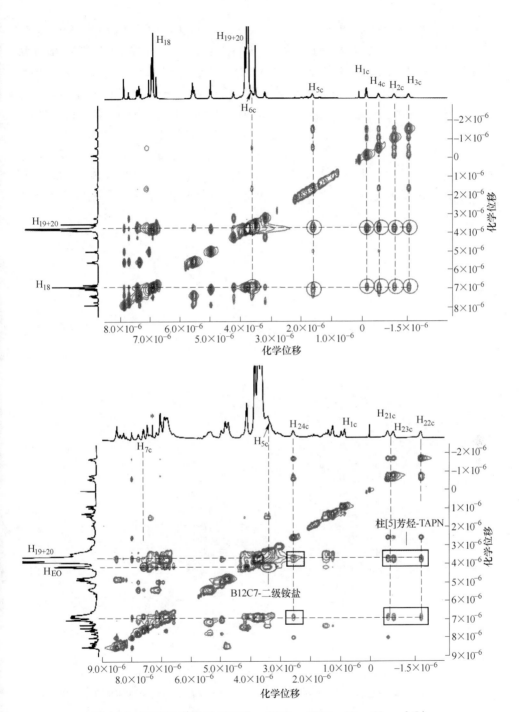

图 4.14　NOESY 谱图 （400MHz，CDCl$_3$，298K，AB$_2$ = 80mmol/L）

（a）AB$_2$；（b）等摩尔的 AB$_2$+CD$_2$（络合的质子用下标 c 表示）

超分子聚合物形成的进一步证据来自二维扩散顺序的 DOSY 实验（见图 4.15～图 4.17）。如图 4.15（b）所示，对于 AB_2 系统，随着单体 AB_2 浓度从 1mmol 增加到 130mmol，测量的扩散系数值从 $3.85×10^{-10} m^2/s$ 衰减到 $5.51×10^{-11} m^2/s$，这个数据表明随着单体 AB_2 浓度的增加，超分子聚合物聚合度逐渐增加了，在较高的浓度下得到了具有高分子量的超支化聚合物。当向 AB_2 系统中加入 CD_2 后，AB_2+CD_2 的扩散系数（65mmol AB_2 + 65mmol CD_2）为 $2.15×10^{-11} m^2/s$，表明形成了具有更高的分子量的超分子聚合物，当浓度被稀释时，扩散系数也增加了。这些结果进一步支持了基于 AB_2 的超分子超支化均聚物在加入 CD_2 后转化为超分子超支化交替共聚物，同时也证明了超分子聚合过程中的浓度依赖性。

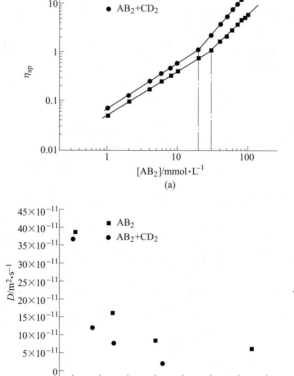

图 4.15 AB_2 与 AB_2+CD_2 的增比黏度及扩散系数值图

（a）在不同浓度下的增比黏度；（b）在不同浓度下的扩散系数值（DOSY，600MHz，$CDCl_3$，298K）

使用动态光散射与透射电镜实验观察超分子聚合物在氯仿溶液中的尺寸大小及聚合物的形态。通过动态光散射实验观察到 300mmol 的 AB_2 氯仿溶液中超分子

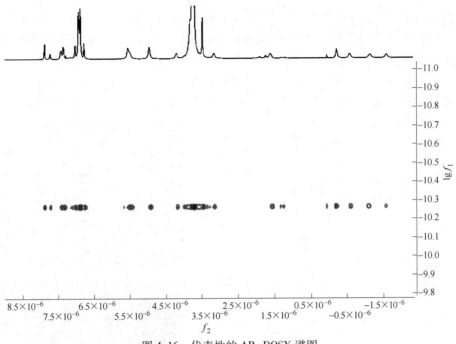

图 4.16 代表性的 AB$_2$ DOSY 谱图

（600MHz，CDCl$_3$，298K，AB$_2$ 浓度为 130mmol/L）

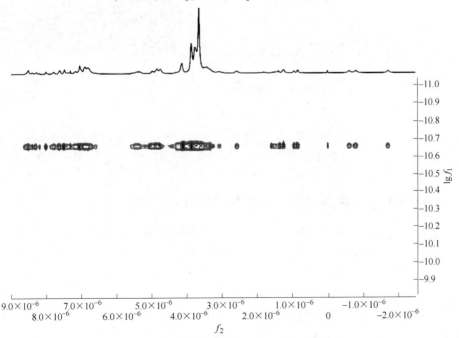

图 4.17 代表性的 AB$_2$+CD$_2$ DOSY 谱图

（600MHz，CDCl$_3$，298K，AB$_2$+CD$_2$ 浓度为 130mmol/L）

聚合物的平均尺寸为370nm，在同等浓度下 AB$_2$+CD$_2$ 中超分子聚合物的平均尺寸为450nm。实验数据表明在较高的浓度下，AB$_2$ 及 AB$_2$+CD$_2$ 都能形成超分子聚合物。透射电镜实验揭示了超分子聚合物在"干"的状态下的形态，AB$_2$（180～500nm）及 AB$_2$+CD$_2$（200～600nm）系统形成的超分子聚合物在透射电镜图 4.18 中都呈球形状态，与以前报道的一些 AB$_2$ 种类的超分子聚合物有类似的形态[30]。

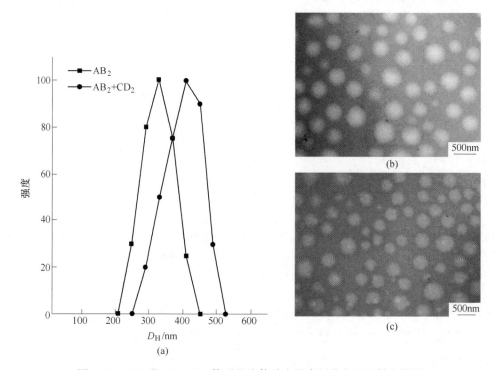

图 4.18 AB$_2$ 及 AB$_2$+CD$_2$ 体系的流体动力学直径分布及透射电镜图

（a）在氯仿溶液中的流体动力学直径分布（300mmol/L AB$_2$，150mmol/L AB$_2$+150mmol/L CD$_2$，298K）；（b）AB$_2$ 中代表性的超分子聚合物透射电镜；（c）AB$_2$+CD$_2$ 中代表性的超分子聚合物透射电镜

4.4 超分子聚合物的刺激响应性及稳定性

鉴于 AB$_2$ 及 AB$_2$+CD$_2$ 形成的超分子聚合物作用力由非共价键构成，本小节主要探究它们的刺激响应性。如图 4.19 和图 4.20 所示，两个体系实验浓度都为20mmol，AB$_2$ 体系在加入竞争性的丁二腈分子后，二级铵盐与柱［5］芳烃络合的质子峰（H$_{1-4c}$）消失，新的络合的质子峰（Hac，-1.3×10^{-6}）出现，表明二级铵盐被竞争性的丁二腈挤出了柱［5］芳烃的空腔。AB$_2$+CD$_2$ 系统也观察到类似的情况，原先 TAPN 与柱［5］芳烃络合的质子峰（H$_{21-23c}$）消失，新的络合质子峰（Hac，-1.3×10^{-6}）出现，表明 AB$_2$+CD$_2$ 在加入竞争性的客体分子后，

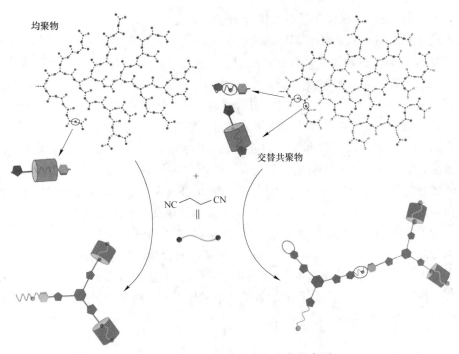

图 4.19 超分子聚合物的解组装示意图

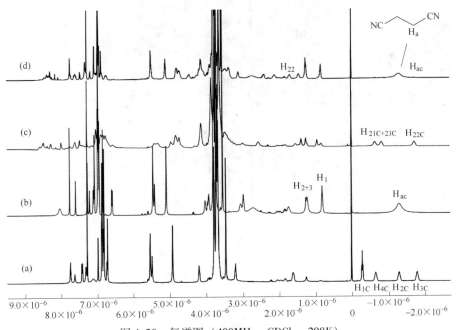

图 4.20 氢谱图（400MHz，CDCl₃，298K）

（a）AB₂ 溶液；（b）向 AB₂ 溶液加入 2.2mol/L 丁二腈后；（c）AB₂+CD₂ 溶液；

（d）向 AB₂+CD₂ 溶液加入 2.2mol/L 丁二腈后

柱［5］芳烃的空腔被竞争性的客体分子丁二腈占据，超分子聚合物发生了解组装。这里需要指出的是对于 AB$_2$ 系统，丁二腈只是一个简单的竞争客体分子，能够导致基于 AB$_2$ 的超分子聚合物的解组装，但是由于本身不带有重构功能的基团，因此不能形成新的超分子聚合物。而 CD$_2$ 分子不仅带有竞争性的客体基团 TAPN 基团，这种基团能将二级铵盐挤出柱［5］芳烃的洞穴，同时 CD$_2$ 带有一个接收基团 B21C7，能与挤出的二级铵盐发生络合，这种拥有竞争性功能与接收功能的 CD$_2$ 分子加入 AB$_2$ 系统后，能导致 AB$_2$ 型超分子聚合物的解组装，同时与解组装后形成的 AB$_2$ 单体重新组装成一个新的超分子超支化交替共聚物。从主客体络合常数的大小（柱［5］芳烃-丁二腈 > 柱［5］芳烃-TAPN > B21C7-二级铵盐 > 柱［5］芳烃-二级铵盐）也证明了以上结果及分析的合理性。

　　为了调查超分子聚合物的稳定性，将样品 1（80mmol/L AB$_2$）和样品 2（100mmol/L AB$_2$+CD$_2$）进行核磁测试，测试后密封核磁管避光放置于室温下若干天再进行核磁测试，如图 4.21 和图 4.22 所示，从图中可以看出样品在室温下放置一段时间后的氢谱和放置前的氢谱几乎一模一样，表明两种超分子聚合物在氘代氯仿里都能稳定存在。

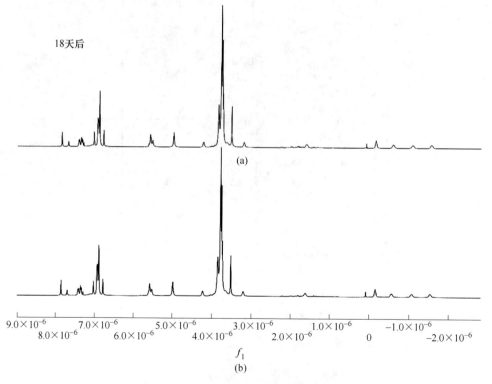

图 4.21　氢谱图（400MHz，CDCl$_3$，298K）

（a）AB$_2$（80mmol/L）；（b）室温放置 18 天后的 AB$_2$（80mmol/L）

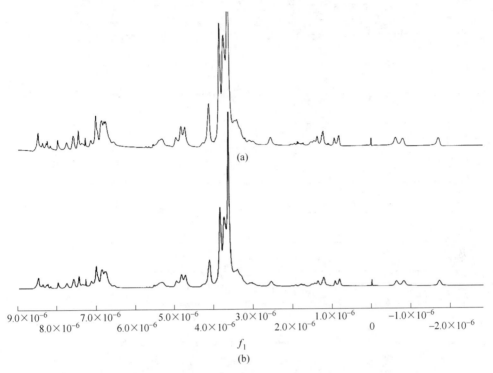

图 4.22　氢谱图（400MHz，CDCl$_3$，298K）

（a）AB$_2$+CD$_2$（100mmol/L）；（b）室温放置 15 天后的 AB$_2$+CD$_2$（100mmol/L）

4.5　主客体络合常数的测定

4.5.1　柱［5］芳烃与二级铵盐络合常数的测定

由于柱［5］芳烃与二级铵盐在氘代氯仿溶液中是一个快的交换过程，他们之间的络合比为 1：1[31]，因此采用氢谱滴定的方法选择模型化合物 1 与 2 来测定它们之间的络合常数。通过非线性拟合的方法（见图 4.23 和图 4.24），柱［5］芳烃与二级铵盐在氘代氯仿里的络合常数估计是（482±90）L/mol，这里非线性拟合是基于公式（4.1）：

$$\Delta\delta = (\Delta\delta\infty / [G]_0)(0.5[H]_0 + 0.5([G]_0 + 1/Ka) - (0.5([H]_0^2 + (2[H]_0(1/Ka - [G]_0)) + (1/Ka + [G]_0)^2)^{0.5}))$$

式中，$\Delta\delta$ 是当化合物 1 的浓度为 $[H]_0$ 时模型化合物 2 上的质子 H$_{11}$ 的化学位移改变值；$\Delta\delta\infty$ 指当化合物 2 被完全配合时质子 H$_{11}$ 的化学位移改变值；$[G]_0$ 是化合物 2 的固定的起始浓度；$[H]_0$ 代表化合物 1 的变化浓度。

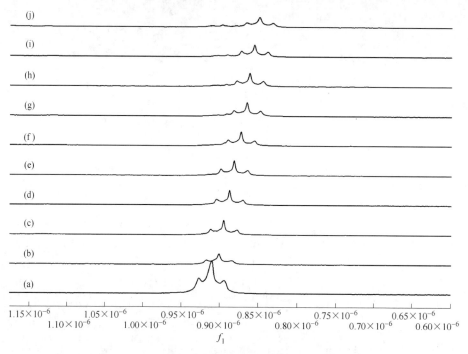

图 4.23   2mmol/L 的化合物 2 与不同浓度的化合物 1
在氘代氯仿溶液中的部分氢谱图（400MHz）

（a）0；（b）0.5mmol/L；（c）1mmol/L；（d）1.5mmol/L；（e）2mmol/L；
（f）3mmol/L；（g）4mmol/L；（h）5mmol/L；（i）6mmol/L；（j）8mmol/L

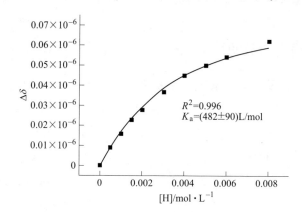

图 4.24   化合物 1 与 2 的非线性拟合曲线图

4.5.2   苯并-21-冠-7/二级铵盐络合常数的测定

为了估算 AB_2 上的二级铵盐与 CD_2 上的苯并-21-冠-7 在氘代氯仿溶液中的络合常数，选择模型化合物 2 与 3 来测量其 K_a 值，因为该主客体反应在氘代氯仿里是一个慢的交换反应，因此络合常数可以通过单点的方法来计算[28]：络合常数的测定可以通过选定氢谱上某个质子的络合峰的积分面积与没有络合的峰的积分面积计算出来（见图4.25），根据参考文献方法，苯并-21-冠-7/二级铵盐的络合常数在氘代氯仿里通过计算为：$[(1.58/2.58) \times 6 \times 10^{-3}]/[(1 - 1.58/2.58) \times 6 \times 10^{-3}]^2 = 679 \text{L/mol}^{-1}$，通过重复计算3次络合常数为（690±50）L/mol。

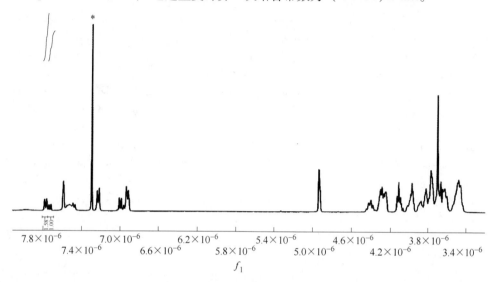

图4.25 等摩尔的化合物2+3在氘代氯仿中的氢谱图
（400MHz，298K，[2]=6mmol/L，溶剂峰以星号标示）

4.5.3 柱［5］芳烃/中性客体（TAPN）的络合常数

柱［5］芳烃-TAPN是一个慢的交换反应，根据参考文献值[29]：柱［5］芳烃-TAPN在氯仿里的络合常数为（1.2±0.2）×10⁴L/mol。

4.5.4 柱［5］芳烃与丁二腈客体的络合常数

根据文献柱［5］芳烃与丁二腈在氯仿溶液中的络合常数因不能观察到没有配合的客体分子[32]，不能通过氢谱单点方法测定，根据文献柱［5］芳烃 ⊃ 丁二腈的络合常数大于 10^5 L/mol。

参 考 文 献

[1] Yan X, Wang F, Zheng B, et al. Stimuli-responsive supramolecular polymeric materials [J]. Chemical Society Reviews, 2012, 41 (18): 6042-6065.

[2] Ma X, Tian H. Stimuli-responsive supramolecular polymers in aqueous solution [J]. Accounts of Chemical Research, 2014, 47 (7): 1971-1981.

[3] Hu X, Xiao T, Lin C, et al. Dynamic supramolecular complexes constructed by orthogonal self-assembly [J]. Accounts of Chemical Research, 2014, 47 (7): 2041-2051.

[4] Yu G, Yan X, Han C, et al. Characterization of supramolecular gels [J]. Chemical Society Reviews, 2013, 42 (16): 6697-6722.

[5] Dong R, Zhou Y, Zhu X. Supramolecular dendritic polymers: from synthesis to applications [J]. Accounts of Chemical Research, 2014, 47 (7): 2006-2016.

[6] Zhang Q, Tian H. Effective integrative supramolecular polymerization [J]. Angewandte Chemie-International Edition, 2014, 53 (40): 10582-10584.

[7] Wei P, Yan X, Huang F. Supramolecular polymers constructed by orthogonal self-assembly based on host-guest and metal-ligand interactions [J]. Chemical Society Reviews, 2015, 44 (3): 815-832.

[8] He Z, Jiang W, Schalley C. Integrative self-sorting: a versatile strategy for the construction of complex supramolecular architecture [J]. Chemical Society Reviews, 2015, 44 (3): 779-789.

[9] Brunsveld L, Folmer B, Meijer E, et al. Supramolecular polymers [J]. Chemical Reviews, 2001, 101 (12): 4071-4097.

[10] Greef T, Smulders M, Wolffs M, et al. Supramolecular polymerization [J]. Chemical Reviews, 2009, 109 (11): 5687-5754.

[11] Zhang M, Xu D, Yan X, et al. Self-healing supramolecular gels formed by crown ether based host-guest interactions [J]. Angewandte Chemie-International Edition, 2012, 51 (28): 7011-7015.

[12] Kohsaka Y, Nakazono K, Koyama Y, et al. Size-complementary rotaxane cross-linking for the stabilization and degradation of a supramolecular network [J]. Angewandte Chemie-International Edition, 2011, 50 (21): 4872-4875.

[13] Yan X, Xu D, Chi X, et al. A multiresponsive, shape-persistent, and elastic supramolecular polymer network gel constructed by orthogonal self-assembly [J]. Advanced Materials, 2012, 24 (3): 362-369.

[14] Hu X, Wu X, Wang S, et al. Pillar [5] arene-based supramolecular polypseudorotaxane polymer network constructed by orthogonal self-assembly [J]. Polymer Chemistry, 2013, 4 (16): 4292-4297.

[15] Guan Y, Ni M, Hu X, et al. Pillar [5] arene-based polymeric architectures constructed by orthogonal supramolecular interactions [J]. Chemical Communications, 2012, 48 (68): 8529-8531.

[16] Shi B, Jie K, Zhou Y, et al. Formation of fluorescent supramolecular polymeric assemblies via orthogonal pillar [5] arene-based molecular recognition and metal ion coordination [J]. Chemical Communications, 2015, 51 (21): 4503-4506.

[17] Duan Q, Cao Y, Li Y, et al. pH-responsive supramolecular vesicles based on water-soluble pillar [6] arene and ferrocene derivative for drug delivery [J]. Journal of The American Chemical Society, 2013, 135 (28): 10542-10549.

[18] Yu G, Han C, Zhang Z, et al. Pillar [6] arene-based photoresponsive host-guest complexation [J]. Journal of The American Chemical Society, 2012, 134 (20): 8711-8717.

[19] Ogoshi T, Aoki T, Kitajima K, et al. Facile, rapid, and high-yield synthesis of pillar [5] arene from commercially available reagents and its X-ray crystal structure [J]. Journal of Organic Chemistry, 2011, 76 (1): 328-331.

[20] Yan X, Wei P, Li Z, et al. A dynamic [1] catenane with pH-responsiveness formed via threading-followed-by-complexation [J]. Chemical Communications, 2013, 49 (25): 2512-2514.

[21] Xue M, Yang Y, Chi X, et al. Pillararenes, a new class of macrocycles for supramolecular chemistry [J]. Accounts of Chemical Research, 2012, 45 (8): 1294-1308.

[22] Yu G, Xue M, Zhang Z, et al. A water-soluble pillar [6] arene: synthesis, host-guest chemistry, and its application in dispersion of multiwalled carbon nanotubes in water [J]. Journal of The American Chemical Society, 2012, 134 (32): 13248-13251.

[23] Zhang M, Luo Y, Zheng B, et al. Improved pseudorotaxane and catenane formation from a derivative of bis (m-phenylene) -32-crown-10 [J]. European Journal of Organic Chemistry, 2010, 2010 (35): 6798-6803.

[24] Tao H, Cao D, Liu L, et al. Synthesis and host-guest properties of pillar [6] arenes [J]. Science China-Chemistry, 2012, 55 (2): 223-228.

[25] Liu L, Cao D, Jin Y, et al. Efficient synthesis of copillar [5] arenes and their host-guest properties with dibromoalkanes [J]. Organic & Biomolecular Chemistry, 2011, 9 (20): 7007-7010.

[26] Han C, Yu G, Zheng B, et al. Complexation between pillar [5] arenes and a secondary ammonium salt [J]. Organic Letters, 2012, 14 (7): 1712-1715.

[27] Strutt N, Fairen-Jimenez D, Iehl J, et al. Incorporation of an A1/A2-difunctionalized pillar [5] arene into a metal-organic framework [J]. Journal of The American Chemical Society, 2012, 134 (42): 17436-17439.

[28] Zheng B, Zhang M, Huang F, et al. A benzo-21-crown-7/secondary ammonium salt [c2] daisy chain [J]. Organic Letters, 2012, 14 (1): 306-309.

[29] Li C, Han K, Li J, et al. Supramolecular polymers based on efficient pillar [5] arene-neutral guest motifs [J]. Chemistry - A European Journal, 2013, 19 (36): 11892-11897.

[30] Wang X, Deng H, Li J, et al. A neutral supramolecular hyperbranched polymer fabricated from an AB_2-type copillar [5] arene [J]. Macromolecular Rapid Communications, 2013, 34 (23): 1856-1862.

[31] Yang J, Li Z, Zhou Y, et al. Construction of a pillar [5] arene-based linear supramolecular polymer and a photo-responsive supramolecular network [J]. Polymer Chemistry, 2014, 5 (23): 6645-6650.

[32] Hoffart D, Tiburcio J, Torre A, et al. Cooperative ion-ion interactions in the formation of interpenetrated molecules [J]. Angewandte Chemie-International Edition, 2008, 47 (1): 97-101.

5 通过分级自组装实现超分子聚合物的结构转变：从超分子聚合物到荧光材料

5.1 概述

具有不同拓扑结构和功能的超分子聚合物（SPs）为制备新型智能材料提供了新的途径[1-15]。根据拓扑结构的不同，超分子聚合物可分为线性SPs、交联SPs和其他非线性拓扑结构的超分子聚合物。超支化SPs作为一种集刺激响应优点和超支化结构于一体的非线性拓扑SPs，因其独特的三维结构而备受关注[16-20]。超支化SPs可通过AB_2、A_2+B_3、D_3+AC+E_3类型的不平衡单体来制备[21-24]。在已报道的单体结构中，大环主体包括冠醚、环糊精（CD）、葫芦醛（CB）、卟啉和柱芳烃被广泛用作结构基元[25-31]。除了超支化的SPs，另一种重要的拓扑结构——交联SPs，也因其在生物医学、薄膜、弹性材料等方面的潜在应用价值而引起人们的极大兴趣。交联SPs通常可以通过线性聚合物或单体的交联来制备[32-37]。

不同类型的SPs之间的结构转换是一个有趣的话题。目前已经开发了各种方法来对SPs的结构进行转换，例如，通过正交非共价相互作用或竞争性自分类相互作用[38-41]。在这些结构转换的例子中，报道最多的是从线性SPs到交联SPs的转换[33,42,43]，而另一种重要的结构转换，即从超支化SPs到交联SPs的转换尚未见报道。因此，需要开发一种简便的方法将超支化的SPs直接转化为交联的SPs，以进一步扩展其功能和应用。本章主要介绍超支化SPs的制备及其超支化到交联的拓扑结构转变（见图5.1）。设计合成了3种不同的单体，如图5.1所示，由两个冠醚基团（B21C7）和一个烷基三唑基团（TVN）组成的异位单体AB2，由两个铵盐基团（TAS）组成的同位单体C2和由四苯基乙烯（TPE）核连接的四柱［5］芳烃基团（P5）的TPE桥联单体TP4。当单体AB2和C2在较高浓度下以1∶1的摩尔比混合时，通过B21C7-TAS主客体相互作用形成了超分子超支化聚合物（SHP1）。在SHP1溶液中加入TP4后，基于P5-TVN和B21C7-TAS的正交主客体相互作用，原来的SHP1转变为一种新的超分子交联聚合物（SCP1）。同时，基于热塑性弹性体（TPE）核的AIE机理，对超分子聚合物的结构转变过程进行了诱导荧光发射增强。通过SCP1的解组装-重组装过程可以实现"关-开"的可切换荧光发射。此外，当 SCP1 的浓度超过 64mmol/L 时，形成了一种具有蓝色荧光的超分子凝胶，所得的超分子凝胶具有良好的自修复能力。

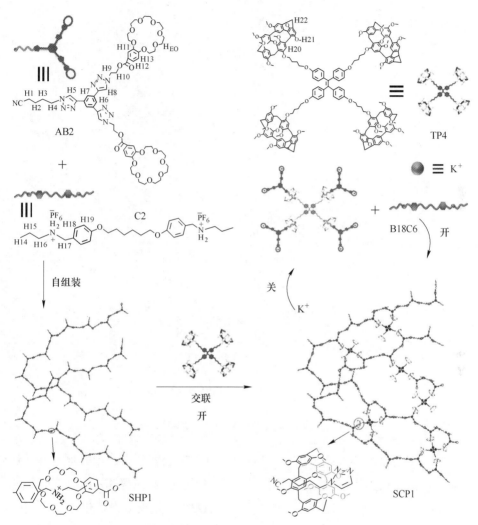

图 5.1　超分子聚合物的结构和结构转变以及可调节的聚集诱导荧光发射

5.2　单体的合成及表征

单体 AB2、TP4、C2 及中间体合成路线如图 5.2 所示，所有合成的新化合物都通过氢谱、碳谱、高分辨率质谱得到表征。

单体 AB2 的合成：以六甘醇为起始原料，在碱的作用下与对甲基苯磺酰氯反应后，再与 3，4-二羟基苯甲酸甲酯在 K⁺的模板作用下在加热的情况下得到化

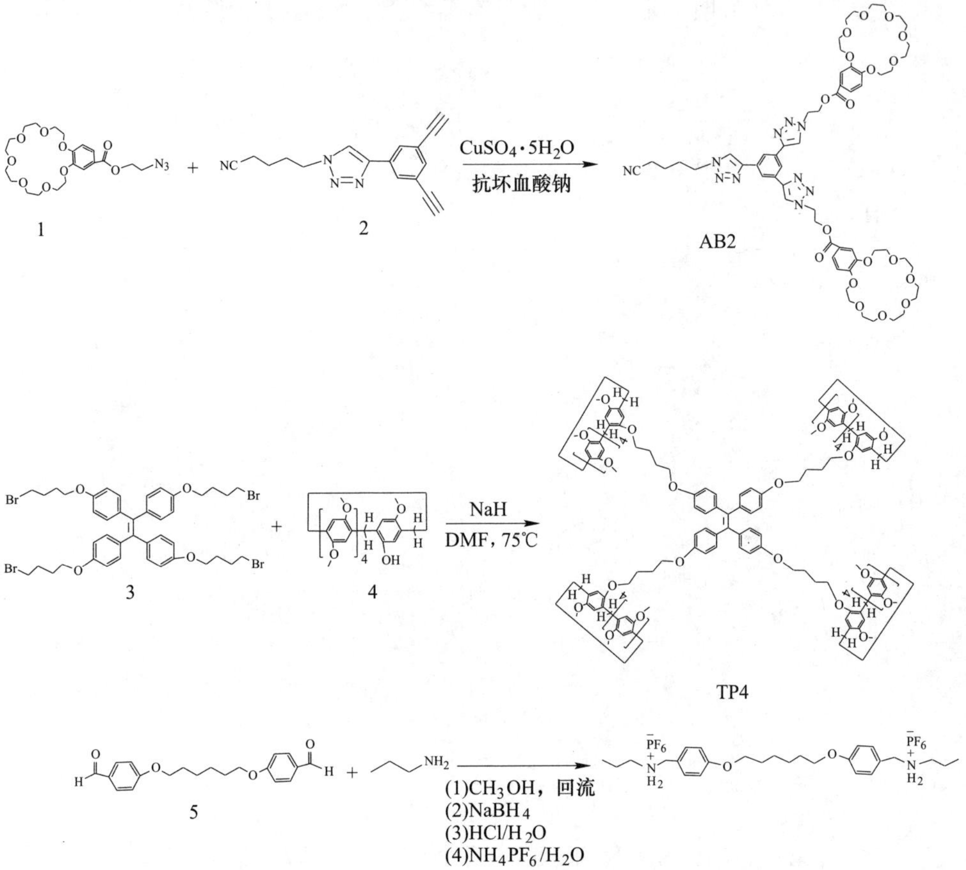

图 5.2 单体 AB2，TP4，C2 及中间体的合成路线

合物苯并-21-冠-7 酯，酯水解后在 TBAF 中与 1，4-二溴丁烷反应得到中间体冠醚酸酯。将得到的冠醚酸酯在碱的作用下水解得到冠醚酸。冠醚酸在碱的作用下与 1，4-二溴丁烷发生取代反应后，再与叠氮化钠发生置换反应得到化合物 1。化合物 2 的合成以 1，3，5-三溴苯为起始原料，在 Pd(Ⅱ) 和 Cu(Ⅰ) 的催化下与乙炔硅烷反应得到 1，3，5-三 [(三甲基硅) 乙炔基] 苯，进一步与 5-溴戊腈反应得到化合物 2。化合物 1 与化合物 2 在 Cu(Ⅰ) 的催化下发生点击反应得到单体 AB2。

单体 TP4 的合成：以 4，4'-二羟基二苯甲酮为起始原料，与 1，4-二溴丁烷反应后得到中间体，再在锌粉和 Ti 的催化下得到化合物 3。再以商品化的

1，4-二甲氧基苯、多聚甲醛为原料，在酸的催化下首先合成出甲基柱［5］芳烃。将分离提纯的甲基柱［5］芳烃在低温下与过量的三溴化硼反应脱甲基后，将粗产物溶于二氯甲烷，用甲醇沉降几次后得到单羟基柱［5］芳烃4。化合物3和化合物4在碱性条件下经反式取代反应得到目标产物TP4。

单体C2的合成：以对羟基苯甲醛为起始原料，与1，6-二溴己烷在碱的作用下发生取代反应得到化合物5，化合物5再与丙胺在甲醇溶液中回流反应得到亚胺，加入硼氢化钠还原亚胺后得到仲胺，仲胺酸化后产物溶于水，加入六氟磷酸铵后，六氟磷酸根负离子与氯离子发生离子交换将氯离子置换下来得到溶于有机溶剂的目标产物。

5.2.1 单体 AB2 的合成

将化合物1（3.00g，6.45mmol）和化合物2（0.71g，2.91mmol）（见图5.2）加到四氢呋喃-水（5∶1，150mL）溶液中，加入 $CuSO_4 \cdot 5H_2O$（144mg，0.57mmol）和抗坏血酸钠（273.6mg，1.43mmol），在70℃下搅拌14h。将反应混合物冷却至环境温度后，减压蒸发溶剂。将生成的残留物溶解在100mL二氯甲烷中，用100mL水洗涤两次。合并有机相，用无水 Na_2SO_4 干燥，蒸发溶剂，得到粗产物，粗产物进行柱层析［$V(CH_2Cl_2)$∶$V(CH_3OH)=50∶1$］，得到白色固体形式的AB2（2.18g，40%）。AB_2 的氢谱、碳谱、质谱如下所示。

^1H NMR（400MHz，$CDCl_3$，298K）：$\delta(10^{-6})$ = 8.32（s，2H），8.28（s，1H），8.09（s，2H），7.99（s，1H），7.62（d，J=8.4Hz，1H），7.49（s，1H），6.92（d，J=8.4Hz，1H），4.85~4.87（m，4H），4.77~4.79（m，4H），4.52（t，J=6.8Hz，2H），4.19~4.23（m，4H），4.13~4.18（m，4H），3.90~3.94（m，4H），3.82~3.87（m，4H），3.78~3.81（m，4H），3.71~3.76（m，8H），3.64~3.69（m，20H），2.46（t，J=6.8Hz，2H），2.15~2.19（m，2H），1.72~1.77（m，2H）.

^{13}C NMR（100MHz，$CDCl_3$）：$\delta(10^{-6})$ = 165.9，153.7，148.6，147.4，131.9，124.9，122.7，122.1，121.4，120.7，119.2，114.8，112.7，71.5，71.4，71.3，71.2，71.1，70.7，69.8，69.7，69.6，69.4，62.9，49.8，49.6，29.3，22.6，16.9.

HR-ESI-MS（$C_{59}H_{76}N_{10}O_{18}$）：m/z calcd for $[M+Na]^+$ = 1235.5231，found = 1235.5216，error $1.2×10^{-6}$.

5.2.2 单体 TP4 的合成[33]

将化合物 3(1.0g, 1.1mmol)、化合物 4(3.1g, 4.2mmol)(见图 5.2)和 NaH(0.21g, 9.0mmol)的 DMF(50mL)溶液在 75℃、N_2 条件下搅拌 14h。将反应混合物冷却至室温后,倒入 100mL 饱和盐水中,用 50mL×3 的二氯甲烷萃取。合并有机相,用无水 Na_2SO_4 干燥,蒸发溶剂,得到粗产物,粗产物进行柱层析[V(二氯甲烷):V(乙酸乙酯)= 100:1],得到白色固体 TP4(3.36 g, 45%)。TP4 的氢谱如下所示。

^{1}H NMR(400MHz, CDCl$_3$, 298K):δ(10^{-6})= 6.95(d, J=8.8Hz, 8H), 6.79~6.72(m, 40H), 6.63(d, J=8.8Hz, 8H), 3.97~3.92(m, 8H), 3.89~3.82(m, 8H), 3.80~3.72(m, 40H), 3.68~3.61(m, 108H), 1.95~1.91(m, 16H).

5.2.3 单体 C2 的合成[41]

将化合物 5(1.21g, 3.7mmol)(见图 5.2)和丙胺(0.44g, 7.4mmol)溶于乙醇(40mL)中,在氮气气氛下 75℃搅拌过夜。反应混合物冷却至室温后,加入少量 NaBH$_4$(0.28g, 7.5mmol),室温下搅拌 8h,加入 50mL 水以淬灭剩余的 NaBH$_4$,并加入 2mol/L HCl 以酸化胺。减压除去溶剂,得到白色固体,悬浮在 40mL 丙酮中。加入饱和 NH$_4$PF$_6$ 水溶液,直到悬浮液变得透明。得到的溶液进行减压蒸馏。残渣用大量水洗涤,过滤后得到白色固体 C2(1.30g, 50%),C2 的氢谱如下所示。

^{1}H NMR(400MHz, CD$_3$CN, 298K):δ(10^{-6})= 7.73(br, 4H), 7.35(d, J=8.8Hz, 4H), 6.96(d, J=8.8Hz, 4H), 4.07(s, 4H), 4.01(t, J=6.4Hz, 4H), 2.93(t, J=7.8Hz, 4H), 1.75~1.82(m, 4H), 1.62~1.69(m, 4H), 1.50~1.57(m, 4H), 0.95(t, J=7.4Hz, 6H).

5.3 超分子聚合物的主客体相互作用

首先通过 ^{1}H NMR 研究单体 AB2+C2 的自组装情况,如图 5.3(d)所示,在 CDCl$_3$-CD$_3$COCD$_3$(体积比为 2:1,摩尔浓度:c(AB2)= c(C2)= 10mmol/L)中,AB2+C2 的 ^{1}H NMR 谱很复杂;复杂的 ^{1}H NMR 谱是冠醚 B21C7 和二级铵盐 TAS 之间缓慢交换作用的结果[44,45]。通过 ^{1}H-^{1}H COSY 核磁共振实验,确定了复杂的 ^{1}H NMR 谱(见图 5.4)。C2 的质子 H$_{14}$ 在低浓度下被分成两组峰(见图 5.3(d)),分别对应于复合的环状低聚物(H$_{14cy}$, $1.05×10^{-6}$)和复合的超支链结构(H$_{14br}$, $9.8×10^{-7}$)。从低浓度时 H$_{14cy}$ 和 H$_{14br}$ 与 C2 的积分比来看,环状低聚物是主要物种。随着单体浓度的增加(见图 5.5),环状物种(H$_{14cy}$)的积分比逐渐减少，而超支化组装（H$_{14br}$）持续增加，表明超分子超支化聚合物在相对高浓度下占主导地位。当 TP4 加入 AB2+C2 的溶液中时，AB2 上的 H$_{1-4}$质子向高场移动（见图 5.3（e）），表明 TVN 已进入 P5 基团的空腔[46]。同时，^{1}H NMR 谱也表明 P5-TVN 的主客体络合作用不影响 B21C7-TAS 的结合，验证了 B21C7-TAS和 P5-TVN 之间主客体相互作用的正交性。利用二维 NOESY 核磁共振波谱研究了单体的自组装行为。C2 的 H$_{18-19}$与 AB2 的 H$_{EO}$之间的相关性支持了 AB2+C2 体系中 B21C7-TAS 的主客体络合作用（见图 5.6）。对于 AB2 + C2 + TP4 系统，可以清楚地观察到 AB2 的 H$_{1-4}$和 TP4 的 H$_{20-22}$之间的关联以及 C2 的 H$_{18-19}$和 AB2 的H$_{EO}$之间的关联（见图 5.7），这表明 B21C7-TAS 和 P5-TVN 之间发生了正交的主客体相互作用。

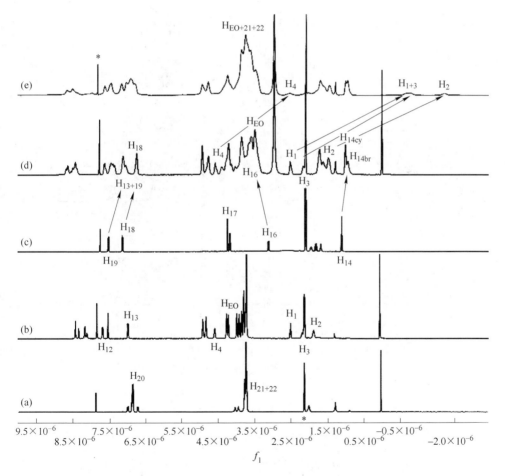

图 5.3　氢谱图（400MHz，CDCl$_3$-CD$_3$COCD$_3$ 体积比为 2：1，298K）
（a）TP4；（b）AB2；（c）C2；（d）AB2+C2（10mmol/L）；（e）AB2+C2+TP4（10mmol/L）

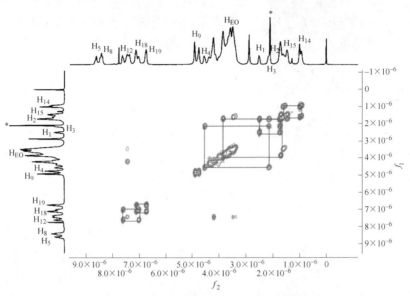

图 5.4　AB2+C2 的 ^{1}H-^{1}H COSY NMR 谱图

[400MHz, $V(CDCl_3)$：$V(CD_3COCD_3)$= 2：1, 298K, 30mmol/L]

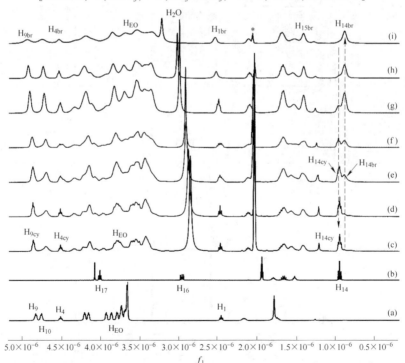

图 5.5　氢谱图 [400MHz, $V(CDCl_3)$：$V(CD_3COCD_3)$= 2：1, 298K]

（a）AB2；（b）C2；（c）2mmol/L；（d）4mmol/L；（e）8mmol/L；（f）16mmol/L；

（g）32mmol/L；（h）80mmol/L；（i）170mmol/L（环状低聚物和超支化聚合物的峰分别标记为 cy 和 br）

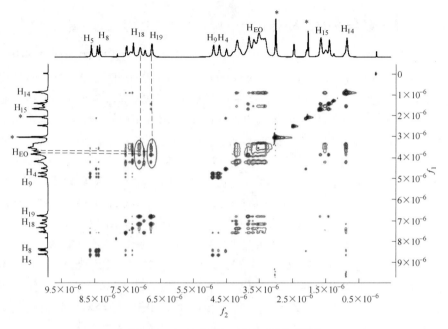

图 5.6 AB2+C2 的 NOESY NMR 谱图

$[400\text{MHz}, V(\text{CDCl}_3) : V(\text{CD}_3\text{COCD}_3) = 2 : 1, 298\text{K}, 70\text{mmol/L}]$

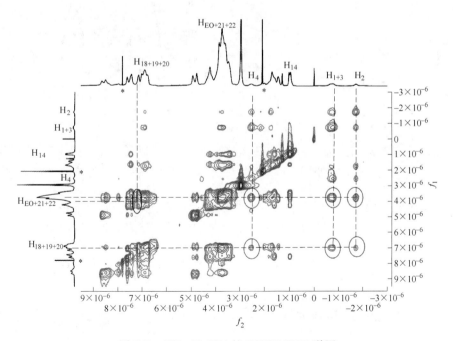

图 5.7 AB2+C2+TP4 的 NOESY NMR 谱图

$[400\text{MHz}, V(\text{CDCl}_3) : V(\text{CD}_3\text{COCD}_3) = 2 : 1, 298\text{K}, 25\text{mmol/L}]$

5.4 超分子聚合物的结构转化

本小节根据所做的二维 DOSY 核磁共振实验，介绍 SHP1 的形成和 SHP1 的结构转化。当单体 AB2 的浓度从 4mmol/L 增加到 140mmol/L 时，测得的平均质量扩散系数（D）从 5.16×10^{-10} 下降到 4.27×10^{-11}（见图 5.8（a）），证明了超分子聚合的浓度依赖性。根据文献报道，D 的下降超过 10 倍，被认为是证明了超分子聚合物的高聚合度[47,48]。因此，实验值证明在高浓度下形成了 SHP1，与 ^{1}H NMR 光谱分析一致。在 SHP1 溶液中加入 TP4 后（AB2 = 56mmol/L，TP4 = 14mmol/L），D 值从 1.21×10^{-10} m^2/s 变为 2.35×10^{-11} m^2/s，表明 SHP1 转化为新的分子量更高的 SCP1。当 SCP1 的浓度从 56mmol/L 降低到 4mmol/L 时，D 值增加了 21 倍以上（见图 5.8（a））。实验结果进一步证明了 AB2+C2+TP4 系统中的浓度依赖特性。此外，还进行了动态光散射（DLS）测量，以研究 AB2 + C2 的超分子聚合及超分子聚合物从 SHP1 到 SCP1 的结构转换。如图 5.8 所示，AB2+C2(56mmol/L) 的溶液显示平均流体力学直径（D_h）为 62nm。在 TP4 添加到溶液后，观察到 D_h 值更高（209nm），进一步证明了 SHP1 已经转化为更高分子量的 SCP1。

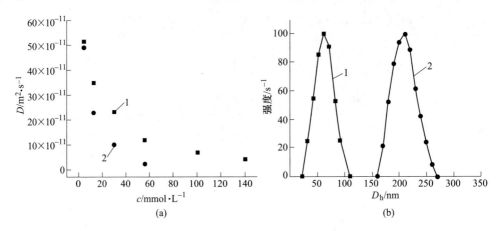

图 5.8　AB2+C2 和 AB2+C2+TP4 的平均质量扩散系数及流体动力学直径分布图
（a）在 $V(\mathrm{CDCl_3}) : V(\mathrm{CD_3COCD_3}) = 2 : 1$ 中的平均质量扩散系数随 AB2 浓度的变化；
（b）在 $V(\mathrm{CDCl_3}) : V(\mathrm{CD_3COCD_3}) = 2 : 1$，AB2 = 56mmol/L，298K 中的流体动力学直径分布
1—AB2+C2；2—AB2+C2+TP4

5.5 超分子聚合物的刺激响应性及荧光性质

本小节介绍超分子聚合物的刺激响应性。当将 2mol/L 的 KPF$_6$ 添加到由 AB2+C2 构筑的 SHP1 溶液中时，可观察到一个更简单的 ^{1}H NMR 谱（见图 5.9）。

更简单的 ^{1}H NMR 谱是由于 B21C7 与 K^+ 的结合相比于 TAS 的结合更紧密[44,45]；加入 K^+ 能诱导 SHP1 分解成低分子量的低聚物。然而，在溶液中再加入 2mol/L 的环较小的苯并 18-冠-6（B18C6）后，由于 B18C6 与 K^+ 的结合更紧密，B21C7-TAS 的复合物恢复，再次观察到复杂的 ^{1}H NMR 谱，证明了 SHP1 的重组（见图 5.9（c））。此外，还研究了 SCP1 的刺激反应性；通过添加/移除 K^+，观察到 SCP1 类似的解组装-重组装过程（见图 5.10）。从 ^{1}H NMR 图谱来看，添加或去除 K^+ 主要是破坏了 B21C7-TAS 的复合物，并不影响 P5-TVN 的结合。然而，在向由 AB2+C2+TP4 构建的 SCP1 的 $CDCl_3$-CD_3COCD_3 溶液中加入 1.1mol/L 的己二腈后，TVN 的复合质子 H_{1-4}（$2.55×10^{-6}$，$-7.5×10^{-7}$ 和 $-1.7×10^{-6}$）在 ^{1}H NMR 时间尺度上消失了（见图 5.11），同时观察到新的复合质子 H_{a-b}（$-2.3×10^{7}$ 和 $-1.31×10^{-6}$），表明 P5 空腔内的 TVN 被己二腈取代，SCP1 被分解成低分子量物种。从 ^{1}H NMR 数据中，还观察到，加入己二腈只是破坏了 P5-TVN 的结合。

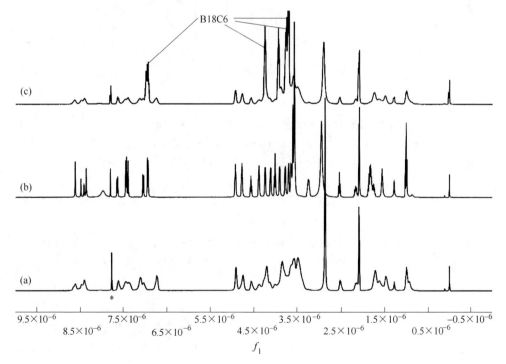

图 5.9 氢谱图 [400MHz，$V(CDCl_3):V(CD_3COCD_3)=2:1$，298K，20mmol/L]

(a) AB2+C2；(b) 向 AB2+C2 溶液加入 2mol/L 六氟磷酸钾；
(c) 向 AB2+C2 溶液中加入 2mol/L 六氟磷酸钾之后再加入 3mol/L 的 B18C6

考虑到 TPE 核的聚集诱导发射特性[49,50]，基于超分子聚集体的 AIE 机制，SCP1 有望表现出荧光增强效应。因此，用荧光滴定的方法研究了 TP4 的荧光发

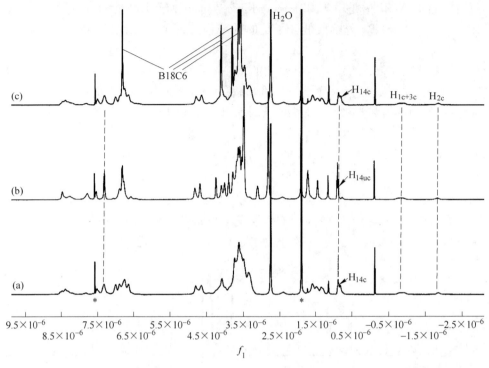

图 5.10　氢谱图（400MHz，$V(CDCl_3):V(CD_3COCD_3)=2:1$，298K，20mmol/L）

（a）AB2+C2+TP4；（b）向 AB2+C2+TP4 溶液加入 2mol/L 六氟磷酸钾；

（c）向 AB2+C2+TP4 溶液加入 2mol/L 六氟磷酸钾之后再加入 2.2mol/L 的 B18C6

射行为，单个 TP4 的荧光发射很弱。然而，当 AB2+C2 连续加入 TP4 的 CHCl₃-CH₃COCH₃ 溶液中时，荧光发射强度逐渐增强（见图 5.12（a）和图 5.13（a））。荧光发射增强现象可以用超分子聚合的 AIE 机理来解释：从 SHP1 到 SCP1 的结构转变驱动了 TPE 核的聚集，从而限制了 TPE 核的内旋，诱导了荧光发射的增强。

　　鉴于非共价反应的可逆性，可通过调控超分子聚合物的主客体相互作用来调节 SCP1 的 AIE 行为。为此，进一步进行了荧光滴定实验来研究了可逆 AIE 的性质。如图 5.12（b）和图 5.13（b）所示，观察到随着 K⁺ 的不断加入，荧光发射强度逐渐减弱。由于 B21C7-K⁺ 的结合力比 B21C7-TAS 强，K⁺ 的加入会使 SCP1 解组装成小颗粒，并阻碍 TPE 核心的聚集，导致荧光强度减弱。当将 B18C6 加入 SCP1+K⁺ 的溶液中时，再次观察到连续的荧光发射增强（见图 5.12（c）和图 5.13（c））。由于 B18C6 可以捕获 K⁺ 并恢复 B21C7-TAS 的结合，恢复的 B21C7-TAS 结合力推动了 SCP1 的重新形成并诱导荧光增强。除了调控 B21C7-TAS 结合相互作用外，对 P5-TVN 主客体相互作用的调控也为调节 SCP1 的 AIE 行为提供

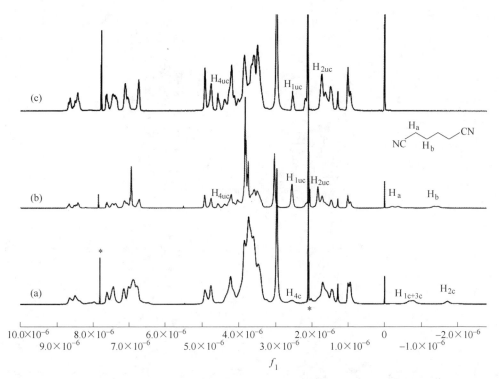

图 5.11 氢谱图 [400MHz，$V(CDCl_3) : V(CD_3COCD_3) = 2 : 1$，298K，20mmol/L]

(a) AB2+C2+TP4；(b) 向 AB2+C2+TP4 溶液加入 1.1mol/L 己二腈；(c) AB2+C2

了重要证据。当竞争客体己二腈逐渐加入 SCP1 的溶液中时，观察到荧光发射强度不断降低（见图 5.12（d）和图 5.13（d））。这一现象归因于 SCP1 的解离，因为产生了更强的 P5-己二腈络合作用[51]。

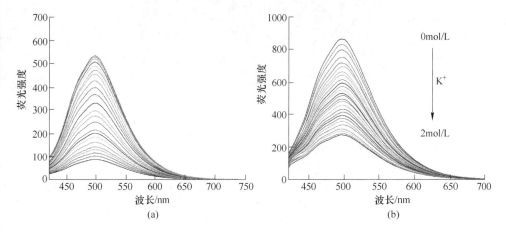

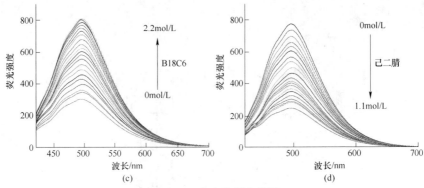

图 5.12　荧光发射光谱图

（a）AB2+C2+TP4（$\lambda_{ex}=360$nm；$\lambda_{em}=486$nm；浓度：［TP4］$=100\mu$mol/L；［AB2+C2］$=0\sim400\mu$mol/L）；

（b）在 0.15mmol/L AB2+C2+TP4 溶液中逐渐加入 $0\sim2$mol/L 的 KPF$_6$，荧光强度发生变化；

（c）在 0.15mmol/L AB2+C2+TP4+KPF$_6$ 溶液中逐渐加入 $0\sim2.2$mol/L 的 B18C6，荧光强度发生变化；

（d）在 0.10mmol/L AB2+C2+TP4 溶液中逐渐加入 $0\sim1.1$mol/L 的己二腈，荧光强度发生变化

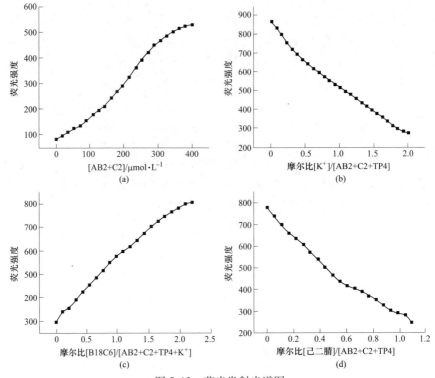

图 5.13　荧光发射光谱图

（a）荧光强度随 AB2+C2 浓度的变化；（b）荧光强度随［K$^+$］/［AB2+C2+TP4］摩尔比的变化；

（c）荧光强度随［B18C6］/［AB2+C2+TP4+K$^+$］摩尔比的变化；

（d）荧光强度随［己二腈］/［AB2+C2+TP4］摩尔比的变化

5.6 超分子凝胶

有趣的是，当由 AB2+C2+TP4 构建的 SCP1 的浓度超过 64mmol/L（$c_{AB2}=c_{C2}=$ 64mmol/L，$c_{TP4}=16$mmol/L）时，由于产生大规模的 SCP1 而形成超分子凝胶。超分子凝胶在波长为 365 nm 的紫外光照射下发出蓝色荧光（见图 5.14（b）），并通过加热—冷却方法显示可逆的凝胶—溶胶转变（见图 5.14（c））。加热时主客体结合亲和力降低，并驱动超分子凝胶转变为溶液[52]。冷却溶液时，由于主客体结合强度恢复，凝胶重新形成，这一转变过程是完全可逆的。此外，添加/去除 K^+ 也可实现可逆凝胶-溶胶转变（见图 5.14（d））。己二腈的加入可驱动凝胶转变为溶液（见图 5.14（e））。添加/去除 K^+ 或添加己二腈的转换机制与上述刺激反应机制相似。用荧光显微镜和扫描电镜表征了超分子凝胶的形貌特征。荧光显微镜图像显示该超分子凝胶具有很强的蓝色荧光发射特性（见图 5.15（a）），用冷冻干燥方法制备的干凝胶的 SEM 图像显示了三维网络形态（见图 5.15（b））。

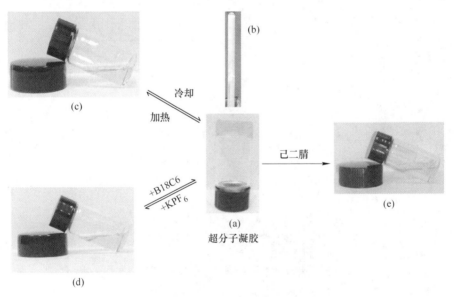

图 5.14　超分子凝胶刺激响应性变化示意图

（a）超分子凝胶；（b）超分子凝胶的视觉聚集诱导发射现象；

（c）~（e）基于不同刺激反应性的凝胶—溶胶转变

通过流变实验研究了超分子凝胶的材料性能。超分子凝胶的制备浓度为 85.0mmol/L（$c_{AB2}=85.0$mmol/L）。动态频率扫描显示，尽管频率变化，但储能模量 G' 大于损耗模量 G''（见图 5.16（a）），且 G' 与角频率无关，表明超分子凝胶的准固态性质。动态应变扫描在临界应变值之前显示出一个线性区域（$\gamma=$ 17%）（见图 5.16（b））。当外加应变超过临界应变值时，G' 和 G'' 都急剧减小，

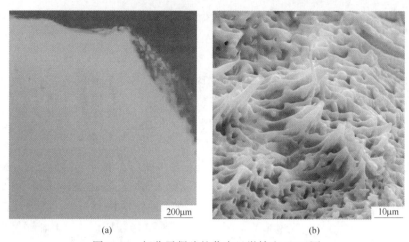

图 5.15 超分子凝胶的荧光显微镜和 SEM 图

（a）AB2+C2+TP4（λ_{ex} = 340nm）形成的超分子凝胶的荧光显微镜图；

（b）冷冻干燥法制备的干凝胶的代表性 SEM 图

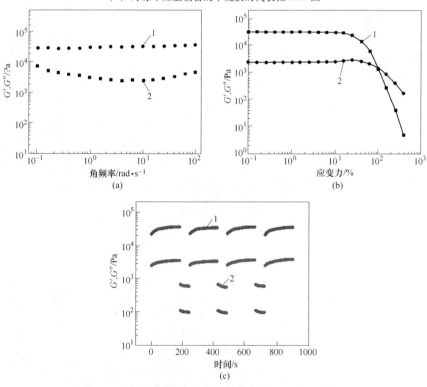

图 5.16 材料性能测试

（a）流变学频率扫描测试；（b）超分子有机凝胶的振荡应变扫描（10rad/s）；

（c）超分子凝胶（应变=1%或200%）的循环应变扫描分析

1—G'；2—G''

这意味着大应变下交联网络的断裂。此外，还进行了循环应变扫描实验，考察了超分子凝胶的自修复能力。当施加 200% 应变时，G' 和 G'' 值急剧下降，G'' 值高于 G' 值，表明超分子凝胶网络崩溃。然而，当施加 1% 的应变时，G' 和 G'' 几乎恢复到它们的初始值，这表明超分子凝胶发生了重构，而且这个过程可以重复多次。上述流变实验表明，该超分子凝胶具有良好的自愈能力。

参 考 文 献

[1] Brunsveld L, Folmer B, Meijer E, et al. Supramolecular polymers [J]. Chemical Reviews, 2001, 101 (12): 4071-4098.

[2] Goor O, Hendrikse S, Dankers Y, et al. From supramolecular polymers to multi-component bio-materials [J]. Chemical Society Reviews, 2017, 46 (21): 6621-6637.

[3] Ji X, Ahmed M, Long L, et al. Adhesive supramolecular polymeric materials constructed from macrocycle-based host-guest interactions [J]. Chemical Society Reviews, 2019, 48 (10): 2682-2697.

[4] Yagai S, Kitamoto Y, Datta S, et al. Supramolecular polymers capable of controlling their topology [J]. Accounts of Chemical Research, 2019, 52 (5): 1325-1335.

[5] Li J, Wang J, Li H, et al. Supramolecular materials based on AIE luminogens (AIEgens): construction and applications [J]. Chemical Society Reviews, 2020, 49 (4): 1144-1172.

[6] Elacqua E, Lye D, Weck M. Engineering orthogonality in supramolecular polymers: from simple scaffolds to complex materials [J]. Accounts of Chemical Research, 2014, 47 (8): 2405-2416.

[7] Kakuta T, Yamagishi T, Ogoshi T. Stimuli-responsive supramolecular assemblies constructed from pillar [n] arenes [J]. Accounts of Chemical Research, 2018, 51 (7): 1656-1666.

[8] Wang L, Cheng L, Li G, et al. A self-cross-linking supramolecular polymer network enabled by crown-ether-based molecular recognition [J]. Journal of The American Chemical Society, 2020, 142 (4): 2051-2058.

[9] Li Z, Zhang Y, Zhang C, et al. Cross-linked supramolecular polymer gels constructed from discrete multi-pillar [5] arene metallacycles and their multiple stimuli-responsive behavior [J]. Journal of The American Chemical Society, 2014, 136 (24): 8577-8589.

[10] Zhang Q, Tang D, Tang D, et al. Self-healing heterometallic supramolecular polymers constructed by hierarchical assembly of triply orthogonal interactions with tunable photophysical properties [J]. Journal of The American Chemical Society, 2019, 141 (44): 17909-17917.

[11] Li H, Yang Y, Xu F, et al. Pillararene-based supramolecular polymers [J]. Chemical Communications, 2019, 55 (3): 271-285.

[12] Ayzac V, Sallembien Q, Raynal M, et al. A competing hydrogen bonding pattern to yield a thermo-thickening supramolecular polymer [J]. Angewandte Chemie-International Edition,

2019, 58 (39): 13849-13853.

[13] Price T, Gibson H. Supramolecular pseudorotaxane polymers from biscryptands and bisparaquats [J]. Journal of The American Chemical Society, 2018, 140 (12): 4455-4465.

[14] Li B, He T, Fan Y, et al. Recent developments in the construction of metallacycle/metallacage-cored supramolecular polymers via hierarchical self-assembly [J]. Chemical Communications, 2019, 55 (56): 8036-8059.

[15] Gao Z, Chen Z, Han Y, et al. Cyanostilbene-based vapo-fluorochromic supramolecular assemblies for reversible 3D code encryption [J]. Nanoscale Horizons, 2020, 5 (7): 1081-1087.

[16] Dong R, Zhou Y, Zhu X. Supramolecular dendritic polymers: from synthesis to applications [J]. Accounts of Chemical Research, 2014, 47 (7): 2006-2016.

[17] Alvarez-Parrilla E, Cabrer P, Al-Soufi W, et al. Dendritic growth of a supramolecular complex [J]. Angewandte Chemie International Edition, 2000, 39 (16): 2856-2858.

[18] Liu Y, Yu C, Jin H, et al. A supramolecular janus hyperbranched polymer and its photoresponsive self-assembly of vesicles with narrow size distribution [J]. Journal of The American Chemical Society, 2013, 135 (12): 4765-4770.

[19] Li H, Chen W, Xu F, et al. A color-tunable fluorescent supramolecular hyperbranched polymer constructed by pillar [5] arene-based host-guest recognition and metal ion coordination interaction [J]. Macromolecular Rapid Communications, 2018, 39 (10): 1800053.

[20] Lin C, Xu L, Huang L, et al. Metal coordination stoichiometry controlled formation of linear and hyperbranched supramolecular polymers [J]. Macromolecular Rapid Communications, 2016, 37 (17): 1453-1459.

[21] Huang F, Gibson H. Formation of a supramolecular hyperbranched polymer from self-organization of an AB_2 monomer containing a crown ether and two paraquat moieties [J]. Journal of the American Chemical Society, 2004, 126 (45): 14738-14739.

[22] Tellini V, Jover A, Garcia J, et al. Thermodynamics of formation of host-guest supramolecular polymers [J]. Journal of the American Chemical Society, 2006, 128 (17): 5728-5734.

[23] Li H, Fan X, Shang X, et al. A triple-monomer methodology to construct controllable supramolecular hyperbranched alternating polymers [J]. Polymer Chemistry, 2016, 7 (26): 4322-4325.

[24] Qiu S, Gao Z, Yan F, et al. 1, 8-Dioxapyrene-based electrofluorochromic supramolecular hyperbranched polymers [J]. Chemical Communications, 2020, 56 (3): 383-386.

[25] Sun R, Xue C, Ma X, et al. Light-driven linear helical supramolecular polymer formed by molecular-recognition-directed self-assembly of bis (p-sulfonatocalix [4] arene) and pseudorotaxane [J]. Journal of The American Chemical Society, 2013, 135 (16): 5990-5993.

[26] Zhang M, Xu D, Yan X, et al. Self-healing supramolecular gels formed by crown ether based host-guest interactions [J]. Angewandte Chemie International Edition, 2012, 51 (28): 7011-7015.

[27] Li S H, Zhang H Y, Xu X F, et al. Mechanically selfocked chiral gemini-catenanes. Nature Communications, 2015, 6: 1-7.

[28] Chen K, Kang Y, Zhao Y, et al. Cucurbit [6] uril-based supramolecular assemblies: possible application in radioactive cesium cation capture [J]. Journal of The American Chemical Society, 2014, 136 (48): 16744-16747.

[29] Fernandez G, Perez E, Sanchez L, et al. An electroactive dynamically polydisperse supramolecular dendrimer [J]. Journal of The American Chemical Society, 2008, 130 (8): 2410-2411.

[30] Hu Y, Hao X, Xu L, et al. Construction of supramolecular liquid-crystalline metallacycles for holographic storage of colored images [J]. Journal of The American Chemical Society, 2020, 142 (13): 6285-6294.

[31] Zhu J, Liu X, Huang J, et al. Our expedition in the construction of fluorescent supramolecular metallacycles [J]. Chinese Chemical Letters, 2019, 30 (10): 1767-1774.

[32] Yan X, Xu D, Chi X, et al. A multiresponsive, shape-persistent, and elastic supramolecular polymer network gel constructed by orthogonal self-assembly [J]. Advanced Materials, 2012, 24 (3): 362-369.

[33] Li H, Duan Z, Yang Y, et al. Regulable aggregation-induced emission supramolecular polymer and gel based on self-sorting assembly [J]. Macromolecules, 2020, 53 (11): 4255-4263.

[34] Chen P, Li Q, Grindy S, et al. White-light-emitting lanthanide metallogels with tunable luminescence and reversible stimuli-responsive properties [J]. Journal of The American Chemical Society, 2015, 137 (36): 11590-11593.

[35] Shi B, Liu Y, Zhu H, et al. Spontaneous formation of a cross-linked supramolecular polymer both in the solid state and in solution, driven by platinum (Ⅱ) metallacycle-based host-guest interactions [J]. Journal of The American Chemical Society, 2019, 141 (16): 6494-6498.

[36] Zhang C, Ou B, Jiang S, et al. Cross-linked AIE supramolecular polymer gels with multiple stimuli-responsive behaviours constructed by hierarchical self-assembly [J]. Polymer Chemistry, 2018, 9 (15): 2021-2030.

[37] Zhan J, Li Q, Hu Q, et al. A stimuli-responsive orthogonal supramolecular polymer network formed by metal-ligand and host-guest interactions [J]. Chemical Communications, 2013, 50 (6): 722-724.

[38] Hofmeier H, Schubert U. Combination of orthogonal supramolecular interactions in polymeric architectures [J]. Chemical communications, 2005, 19 (19): 2423-2432.

[39] Saha M, De S, Pramanik S, et al. Orthogonality in discrete self-assembly-survey of current concepts [J]. Chemical Society Reviews, 2013, 42 (16): 6860-6909.

[40] Li H, Fan X, Min X, et al. Controlled supramolecular architecture transformation from homopolymer to copolymer through competitive self-sorting method [J]. Macromolecular Rapid Communications, 2017, 38 (5): 1600631.

[41] Yang Y, Li H, Chen J, et al. Controllable supramolecular assembly and architecture transformation by the combination of orthogonal self-assembly and competitive self-sorting assembly [J]. Polymer Chemistry, 2019, 10 (48): 6535-6539.

[42] Wang F, Zhang J, Ding X, et al. Metal coordination mediated reversible conversion between

linear and cross-linked supramolecular polymers [J]. Angewandte Chemie, 2010, 49 (6): 1090-1094.

[43] Hu X, Wu X, Wang S, et al. Pillar [5] arene-based supramolecular polypseudorotaxane polymer networks constructed by orthogonal self-assembly [J]. Polymer Chemistry, 2013, 4 (16): 4292-4297.

[44] Zhang C, Li S, Zhang J, et al. Benzo-21-crown-7/secondary dialkylammonium salt [2] pseudorotaxane- and [2] rotaxane-type threaded structures [J]. Organic Letters, 2008, 9 (26): 5553-5556.

[45] Zheng B, Zhang M, Dong S, et al. Benzo-21-crown-7/secondary ammonium salt [C2] daisy chain [J]. Organic Letters, 2012, 14 (1): 306-309.

[46] Li C, Han K, Li J, et al. Supramolecular polymers based on efficient pillar [5] arene——neutral guest motifs [J]. Chemistry - A European Journal, 2013, 19 (36): 11892-11897.

[47] Dong S, Luo Y, Yan X, et al. A dual-responsive supramolecular polymer gel formed by crown ether based molecular recognition [J]. Angewandte Chemie International Edition, 2011, 50 (8): 1905-1909.

[48] Cohen Y, Slovak S. Diffusion NMR for the characterization, in solution, of supramolecular systems based on calixarenes, resorcinarenes, and other macrocyclic arenes [J]. Organic Chemistry Frontiers, 2019, 6 (10): 1705-1718.

[49] Hong Y, Lam J, Tang B. Aggregation-induced emission [J]. Chemical Society Reviews, 2011, 40 (11): 5361-5388.

[50] Sanji T, Shiraishi K, Nakamura M, et al. Fluorescence turn-on sensing of lectins with mannose-substituted tetraphenylethenes based on aggregation-induced emission. [J]. Chem Asian Journal, 2010, 5 (4): 817-824.

[51] Wu J, Shu S, Feng X, et al. Controllable aggregation-induced emission based on a tetraphenylethylene-functionalized pillar [5] arene via host-guest recognition [J]. Chemical Communications, 2014, 50 (65): 9122-9125.

[52] Yan X, Cook T, Pollock J, et al. Responsive supramolecular polymer metallogel constructed by orthogonal coordination-driven self-assembly and host/guest interactions [J]. Journal of The American Chemical Society, 2014, 136 (12): 4460-4463.

6 颜色可调控的荧光超分子超支化聚合物的制备

6.1 概述

在过去的几十年中，超分子聚合物的设计和合成引起了超分子化学和高分子科学研究人员的极大兴趣。主-客体相互作用[1-7]、氢键[8-10]、金属配位[11-13]、π-π堆积[14]等各种非共价相互作用已被应用于超分子聚合物的制备。超分子聚合物可以通过单一非共价相互作用或多种非共价相互作用的组合来构建。相比较而言，由多种非共价相互作用构建的超分子聚合物不仅可以丰富聚合物的多样性，而且还具有一些特殊功能和改进的性能。此外，超分子体系中多种非共价相互作用的动态可逆性也赋予了超分子聚合物刺激响应性的性质，这将为智能材料或器件的制备提供了平台。

荧光材料是一种重要的智能材料，可应用于荧光传感器、光电子、探针、生物医学成像、发光二极管[15-20]等领域。在各种荧光材料中，荧光超分子聚合物因其荧光性质可通过超分子聚合物的聚合过程进行调控而备受关注。到目前为止，通过科学家们的艰苦努力，一些优异的荧光超分子聚合物已经被报道出来[21-33]。在这些荧光聚合物中，报道最多的是线性和交联体系的超分子聚合物。而另一类重要的超分子聚合物，即荧光超分子超支化聚合物，在超分子智能材料中的应用报道较少[34-37]，但由于其三维的拓扑结构、可调性和丰富的端基，已经开始引起人们越来越多的关注。因此，设计新型荧光超分子超支化聚合物并研究其可控荧光发射具有重要意义。在此，作者及其团队制备了一种基于柱[5]芳烃主客体相互作用和金属离子配位络合的新型荧光超分子超支化聚合物 FSHP（见图6.1）。制备的 FSHP 具有竞争性客体刺激响应性和浓度可控的荧光发射特性，并且通过改变金属离子类型或使用混合金属离子可以有效地调节 FSHP 的荧光颜色和荧光发射。此外，通过去除金属离子可以诱导 FSHP 发生荧光猝灭。在荧光发射可调节的基础上，这些荧光超分子超支化聚合物有望应用于荧光传感器和智能材料领域。作者首次设计合成了两种不同的单体（见图6.1），单体 B3 由 3 个对称的柱[5]芳烃（MP5）基团通过刚性炔链相连，单体 AC 含有一个三联吡啶配体基团（tpy）和一个三氮唑结合位点（TAPN）。将单体 B₃、AC 和金属离子按一定比例混合后，通过 MP5 主体基团与中性客体 TAPN 基团之间的主客体相互作用，以及三联吡啶基团与金属离子的配位相互作用，正交自组装形成 FSHP（见图6.1）。

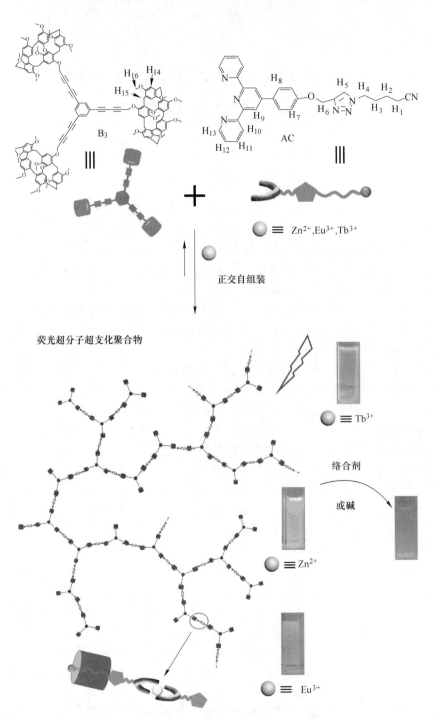

图 6.1 由单体 B_3、AC 和金属离子通过正交自组装制备的
荧光超分子超支化聚合物的示意图

6.2 单体的合成与表征

单体及中间体合成路线如图 6.2 所示，所有合成的新产物都通过氢谱、碳谱、高分辨率质谱得到表征。

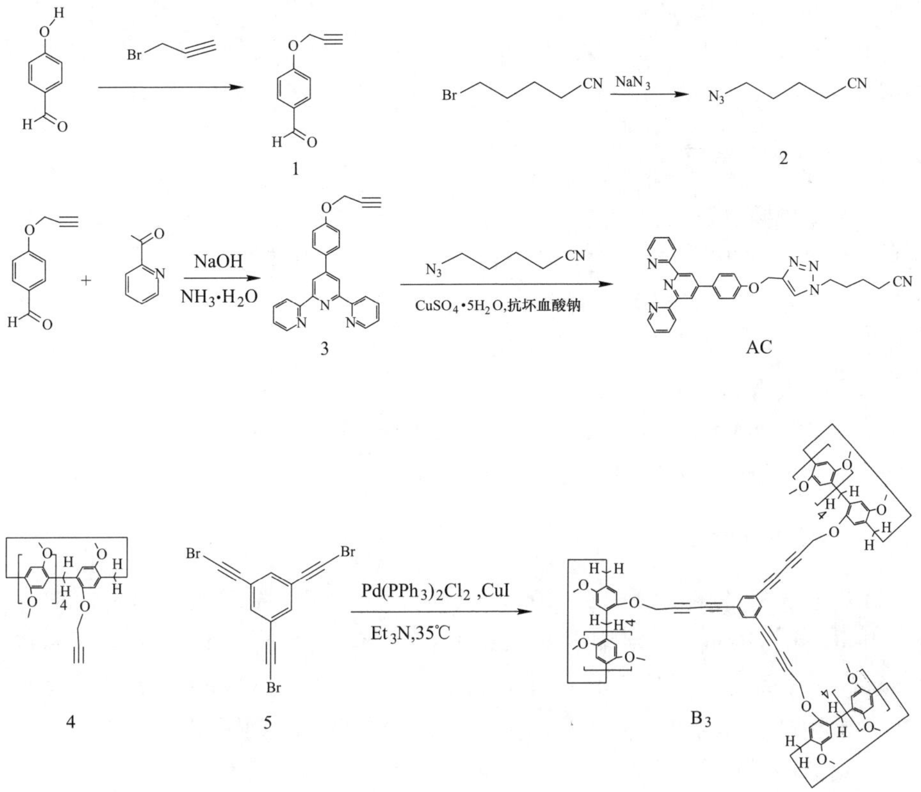

图 6.2 单体 AC 和 B₃ 的合成路线

化合物 1 采用 4-羟基苯甲醛为起始原料，直接与溴丙炔反应得到。化合物 2 采用 5-溴戊腈为起始原料，以丙酮为溶剂，直接与叠氮化钠反应得到。化合物 1 和 2 的反应副产物很少，产率高。

在合成化合物 1 后，化合物与 2-乙酰基吡啶在 KOH 的乙醇溶液中反应，最后通过乙醇重结晶得到化合物 3。化合物 2 与化合物 3 在铜盐与抗坏血酸钠作用下通过点击反应得到单体 AC。化合物 4 与化合物 5 在钯和铜盐作用下通过炔基偶联得到单体 B₃。

6.2.1 化合物 1 的合成

在 65℃ 下，将 4-羟基苯甲醛（2.00g，16.4mmol），3-溴-1-丙炔（2.88g，

24.6mmol)，K_2CO_3（6.80g，49.2mmol）搅拌 12h。反应混合物冷却至室温后，减压蒸发溶剂，残渣在二氯甲烷（50mL）和水（50mL）中萃取。水层用二氯甲烷（2×50mL）进一步冲洗。有机相在无水 Na_2SO_4 上混合干燥。除去溶剂后，残渣经柱层析［V（石油醚）：V（乙酸乙酯）= 2：1］，得到白色固体 1（2.40g，75%）。化合物 1 的氢谱如下所示。

^{1}H NMR（400MHz，$CDCl_3$，298K）：δ（10^{-6}）= 10.01(s，1H)，7.90(d，J=8.0Hz，2H)，7.13(d，J=8.0Hz，2H)，4.81(s，2H)，2.59(s，1H).

6.2.2 化合物 2 合成

将 5-溴戊腈（2.0g，12.5mmol）和叠氮化钠（1.22g，18.8mmol）在丙酮溶液中以 60℃搅拌 10h。反应混合物冷却至室温后，减压蒸发溶剂，残渣在二氯甲烷（50mL）和水（50mL）中萃取。水层用二氯甲烷（2×50mL）进一步冲洗。有机相混合后，在无水 Na_2SO_4 上干燥，除去溶剂，得到油状物 2（1.47g，95%）。化合物 2 的氢谱如下所示。

^{1}H NMR（400MHz，$CDCl_3$，298K）：δ（10^{-6}）= 3.39(t，J=5.8Hz，2H)，2.43(t，J=6.8Hz，2H)，1.78(m，4H).

6.2.3 化合物 3 合成

在 2-乙酰基吡啶（12.10g，100mmol）乙醇（200mL）溶液中加入 KOH 水溶液（10mol/L，10mL），室温搅拌 20min。在溶液中加入化合物 1（8.00g，50mmol），在室温下搅拌 20min，然后加入 25% 氨水（80mL）。反应混合物在 55℃下搅拌过夜后，过滤悬浮液，用 40mL 水和 20mL 冷甲醇洗涤沉淀物。粗品由乙醇重结晶得到化合物 3（7.26g，40%）。化合物 3 的氢谱如下所示。

^{1}H NMR（400MHz，$CDCl_3$，298K）：δ（10^{-6}）= 8.76(m，6H)，7.94(m，4H)，7.41(d，J=4.0Hz 2H)，7.16(d，J=12Hz，2H)，4.80(d，J=4.0Hz，2H)，2.60(s，1H).

6.2.4 单体 AC 的合成

将化合物 3（1.00g，2.75mmol）和 2（0.34g，2.75mmol）的混合物在 THF 和水（10：1，100mL）的溶液中，加入 $CuSO_4 \cdot 5H_2O$（20mg，0.8mmol）和抗坏血酸钠（39.6mg，2mmol）在 50℃下搅拌 12h。反应混合物冷却至室温后，减压蒸发溶剂，乙醇重结晶提纯残渣，得到白色固体 AC（0.94g，70%）。单体 AC 的氢谱、碳谱、质谱如下所示。

^{1}H NMR（400MHz，$CDCl_3$，298K）：δ（10^{-6}）= 8.73(m，4H)，7.89(m，4H)，7.67(s，1H)，7.38(m，2H)，7.13(m，2H)，5.32(s，2H)，4.47(t，

$J = 6.8\text{Hz}$, 2H), 2.44(t, $J = 7.2\text{Hz}$, 2H), 2.14(m, 2H), 1.73(m, 2H), ^{13}C NMR(100MHz, CDCl$_3$): $\delta(10^{-6}) = 159.08$, 156.21, 155.84, 149.08, 144.17, 136.91, 131.32, 128.59, 123.85, 122.78, 121.35, 118.98, 118.26, 115.19, 62.04, 49.26, 29.04, 22.34, 16.68.

MALDI-TOF-MS ($C_{29}H_{25}N_7O$): m/z calcd for $[M+H]^+ = 488.2199$, found $= 488.2194$, error $1.0×10^{-6}$.

6.2.5 单体 B$_3$ 的合成

化合物 B3 的合成参照第 3 章的方法合成。在密封的试管中，将 40mL 10% Et$_3$N 的四氢呋喃溶液强力脱气 30min。然后依次加入化合物 4（1.00g，1.29mmol）、化合物 5（0.13g，0.34mmol）、二氯双（三苯基膦）钯（（Ⅱ）（0.045g，0.07mmol）和 CuI（0.012g，0.07mmol）。深色混合物在 35℃下搅拌 14h，有机溶剂减压蒸发，残留物在二氯甲烷（50mL）和水（50mL）中萃取。水层进一步用 3×40mL 的二氯甲烷洗涤。有机相在无水 Na$_2$SO$_4$ 上混合干燥。除去溶剂后，用柱层析（CH$_2$Cl$_2$ 与 CH$_3$COOC$_2$H$_5$ 体积比为 100：1）纯化棕色残渣，得到白色固体 B$_3$（0.25g，25%）。单体 B$_3$ 的氢谱、碳谱、质谱如下所示。

^{1}HNMR(400MHz, CDCl$_3$): $\delta(10^{-6}) = 7.64$(s, 3H), 6.82~6.87(m, 30H), 3.84~3.88(m, 30H), 3.81(s, 9H), 3.63~3.75(m, 72H).

^{13}C NMR（100MHz, CDCl$_3$）: δ（10^{-6}）$= 151.78$, 150.85, 149.02, 136.54, 128.44, 128.33, 128.25, 128.20, 128.16, 122.86, 115.73, 114.06, 80.01, 75.62, 75.39, 70, 43, 57.59, 55.84, 55.78, 55.73, 55.64, 30.01, 29.74, 29.59.

MALDI-FT-ICR-MS: m/z calcd for $[M + Na]^+ = 2491.0143$, found $= 2491.0142$, error $1×10^{-7}$.

6.3 超分子超支化聚合物的构筑与表征

首先用核磁共振氢谱研究了 B$_3$、AC、金属离子之间的非共价相互作用。首先选择锌离子作为金属离子，如图 6.3 所示。在 CDCl$_3$-CD$_3$COCD$_3$（体积比为 1：1）中混合 B$_3$、AC 和 Zn(OTf)$_2$（2：6：3），AC 的浓度在 $1×10^{-3}$ ~ $300×10^{-3}$ mol/L 范围内，观察到 B$_3$-AC-Zn(OTf)$_2$ 之间的复杂质子谱。质子谱的信号通过 H-H COSY NMR 实验被清楚地测试出来（见图 6.4）。在低浓度 AC（$2×10^{-3}$ mol/L）下，由于 B$_3$ 的 MP5 基团与 AC 的 TAPN 基团之间的包结作用，AC 的质子 H$_{1-4}$ 的信号峰明显前移（$-5.5×10^{-7}$，$-1.52×10^{-6}$，$-6.5×10^{-7}$，$2.6×10^{-6}$），表明 TAPN 基团穿进了 MP5 的空腔中。另一方面，还观察到三吡啶基与锌离子之间的金属配位作用，AC 的 H$_9$、H$_{10}$ 的质子信号向场下移动，代表 Zn^{2+}(Tpy)$_2$ 结构的形成[38]。B$_3$ 的

MP5 基团与 AC 的 TAPN 基团之间的主客体相互作用以及三联吡啶基团与锌离子的金属配位表明，[B$_3$-AC-Zn^{2+}-AC]$_n$ 发生了排列。随着单体浓度的增加，^{1}HNMR 峰变宽，表明单体 B$_3$、AC 和 Zn^{2+} 自组装成高分子量聚集体。NOESY 核磁共振谱（见图 6.5）进一步提供了单体间自组装行为的重要证据。AC 的 H$_{1-4}$ 与 B$_3$ 的 H$_{14-16}$ 之间的强相关性表明，AC 的 TAPN 部分进入了 B$_3$ 的 MP5 部分的空腔中。

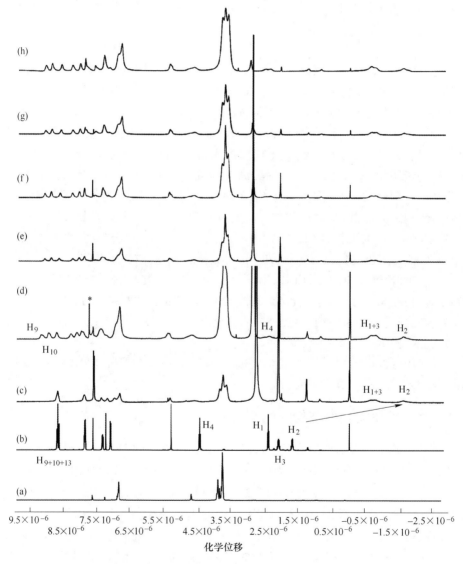

图 6.3 氢谱图（400MHz，CDCl$_3$，298K）

（a）B$_3$；（b）AC；（c）B$_3$+AC；（d）～（h）B$_3$，AC 和 Zn(OTf)$_2$ 的摩尔比为 2∶6∶3 的混合物在不同的 AC 浓度下，AC（浓度分别为 2×10^{-3}mol/L，10×10^{-3}mol/L，25×10^{-3}mol/L，100×10^{-3}mol/L，300×10^{-3}mol/L，星号表示溶剂峰）

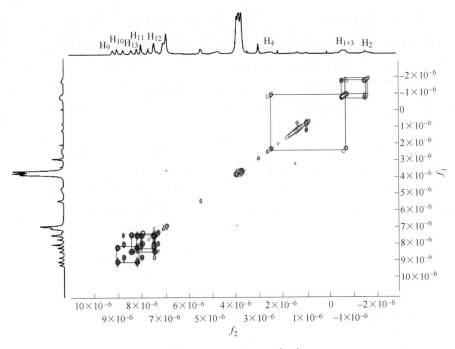

图 6.4　B_3，AC 和 $Zn(OTf)_2$ 溶液的 ^1H-^1H COSY NMR
（400MHz，$CDCl_3$，298K，80mmol/L）谱图

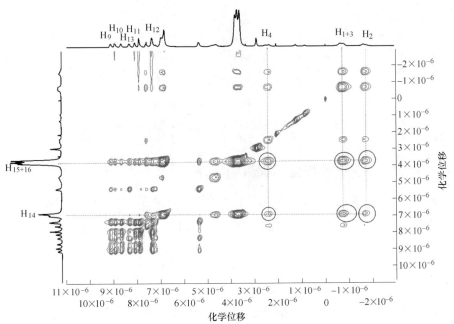

图 6.5　B_3，AC 和 $Zn(OTf)_2$ 混合溶液的 NOESY NMR［400MHz，$V(CDCl_3)$：
$V(CD_3COCD_3)=1:1$，298K］谱图（AC 浓度为 120×10^{-3}mol/L）

利用二维扩散顺序核磁共振实验进一步研究了 FSHP 的形成过程。随着单体 B_3 浓度从 1×10^{-3} 增加到 110×10^{-3} mol/L，D 值（扩散系数）急剧下降，从 4.05×10^{-10} 降至 3.87×10^{-11} m²/s（见图 6.6（a））。实验数据与上述浓度依赖的 ^{1}HNMR 结果一致，表明单体浓度对 FSHP 的分子量有显著影响。据报道，扩散系数值降低了 10 倍以上，这是形成高重复单位聚集体的证据[39]。因此，目前的实验值证实了高分子量 FSHP 的形成。

通过黏度测量实验进一步表征了 FSHP 的形成过程。用乌氏黏度计测定了 B_3、AC 和 $Zn(OTf)_2$ 在 $CHCl_3$-CH_3COCH_3（体积比为 1：1）溶液中的比黏度。绘制了在 $CHCl_3$-CH_3COCH_3（体积比为 1：1）中比黏度随单体 B_3 浓度变化的双对数图。在低浓度范围内，曲线斜率为 0.93，表明在稀溶液中以小分子量低聚物为主[40,41]。当单体浓度增加到临界聚合浓度（0.019mol/L）以上后，曲线斜率为 1.95（见图 6.6（b）），表明小分子低聚物转变为较高分子量的超分子聚合物。

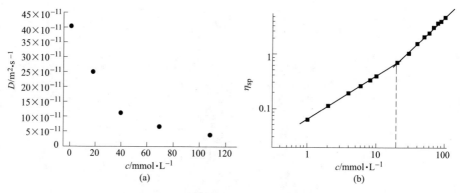

图 6.6　扩散系数和比黏度的变化函数图
（a）扩散系数 D 随 B_3 浓度的变化；（b）比黏度随 B_3 浓度的变化

6.4　超分子超支化聚合物的刺激响应性

通过加入竞争性客体分子研究 FSHP 的刺激响应行为。在 D_3、AC 和 $Zn(OTf)_2$ 的 $CDCl_3$-CD_3COCD_3 溶液中加入 3.3mol/L 的丁二腈后，TAPN 部分络合质子的 ^{1}HNMR 峰消失（H_{1-4}）。同时，在 ^{1}HNMR 时间刻度上观察到新的络合峰（见图 6.7），表明空腔内的部分基团被竞争性丁二腈取代，加入丁二腈分子后，FSHP 被分解成小单元。有趣的是，丁二腈的加入并没有影响 Zn^{2+} 与三联吡啶配体基团的配位，表明丁二腈分子与 MP5 的主客体相互作用与 Zn^{2+} 与三联吡啶配体的配位是正交的。

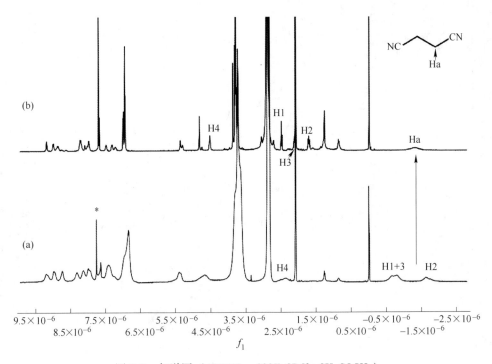

图 6.7 氢谱图 （400MHz，298K CDCl$_3$-CH$_3$COCH$_3$）

（a）B$_3$，AC 和 Zn(OTf)$_2$（30mmol/L）混合物；（b）加入 3.3mol/L 丁二腈

6.5 超分子超支化聚合物的荧光性质

本小节介绍超分子超支化聚合物 FSHP 的荧光性质：B$_3$ 和 AC（1∶3）CHCl$_3$/CH$_3$COCH$_3$（体积比为 1∶1）混合溶液的最大吸收峰位于 289nm。在 B$_3$ 和 AC 的 CHCl$_3$/CH$_3$COCH$_3$ 溶液中加入 Zn(OTf)$_2$[V(AC)∶V(Zn(OTf)$_2$) = 2∶1] 后，289nm 处的吸收带红移到 345nm （见图 6.8）。当激发波长为 289nm 时，B$_3$ 和 AC 混合溶液的最大荧光发射波长出现在 375nm。在 B$_3$ 和 AC 的 CHCl$_3$/CH$_3$COCH$_3$ 溶液中加入 Zn(OTf)$_2$ 后，最大荧光发射波长红移到 452nm （见图 6.9（a））。同时，在 365nm 紫外灯照射下，B$_3$、AC 和 Zn(OTf)$_2$ 的 CHCl$_3$/CH$_3$COCH$_3$ 溶液的光致发光颜色呈现蓝色，这与 B$_3$ 和 AC 的溶液明显不同 （图 6.9（a））。此外，超分子聚合物 [B$_3$-AC-Zn^{2+}-AC]$_n$ 的荧光发射具有浓度依赖性。在低浓度（3×10^{-3}mol/L） 下，超分子聚合物的最大荧光发射波长在 452nm 处，随着浓度的增加，其最大荧光发射波长缓慢红移。当浓度增加到 0.08mol/L 时，金属超分子聚合物的最大发射带为 475nm （见图 6.9（b））。根据以前的文献报道[42,43]，具有重复单元的超分子聚合物聚合度的增加通常会引起荧光发射波长的红移。因此，高浓度荧光发射波长的红移进一步支持了高分子量聚合物的形成。

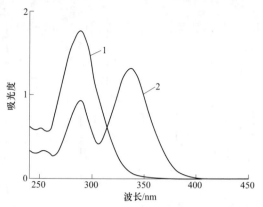

图 6.8 B_3+AC 和 B_3+AC+Zn^{2+} 的吸收光谱图

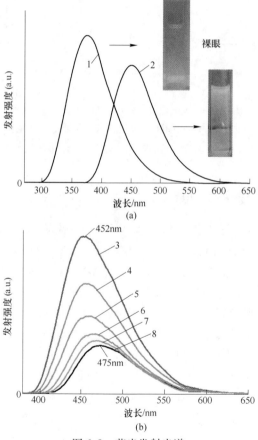

图 6.9 荧光发射光谱

（a）B_3+AC 和 B_3+AC+Zn^{2+}；（b）不同浓度的 B_3+AC+Zn^{2+}

1—B_3+AC；2—B_3+AC+Zn^{2+}；3—3mmol/L；4—15mmol/L；

5—40mmol/L；6—50mmol/L；7—60mmol/L；8—80mmol/L

考虑到金属配位键的动态性质，FSHP 的荧光颜色可以通过不同的金属离子或金属离子的混合物进行调节。如图 6.10（a）和（b）所示，当 $Zn(OTf)_2$ 改变为 $Eu(OTf)_3$ 或 $Tb(OTf)_3$ 时，分别观察到红光和绿光，这与含 Zn^{2+} 的超分子聚合物的蓝光明显不同。它们的荧光发射光谱如图 6.10（f）所示，其最大发射波长分别为 543nm、620nm，与 Eu^{3+} 或 Tb^{3+} 配位相互作用的发射光谱一致。值得注意的是，$Eu(OTf)_3$ 或 $Tb(OTf)_3$ 的溶液在紫外灯照射下都是无色的，因此，上述实验结果支持用不同的金属离子来调制 FSHP 的荧光颜色。

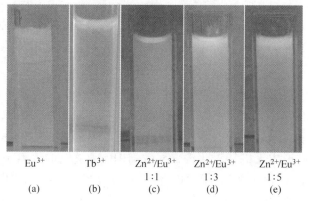

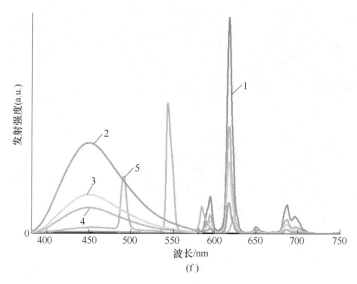

图 6.10 超分子聚合物溶液照片和光致发光光谱

（a）～（e）在紫外光照射下，改变金属离子类型或混合金属离子的摩尔比；

（f）超分子聚合物溶液的光致发光光谱

$1—B_3+AC+Eu^{3+}$；$2—B_3+AC+Zn^{2+}+Eu^{3+}(Zn^{2+}:Eu^{3+}$ 为 $1:1)$；$3—B_3+AC+Zn^{2+}+$

$Eu^{3+}(Zn^{2+}:Eu^{3+}$ 为 $1:3)$；$4—B_3+AC+Zn^{2+}+Eu^{3+}(Zn^{2+}:Eu^{3+}$ 为 $1:5)$；$5—B_3+AC+Tb^{3+}$

　　有趣的是，在 B₃ 和 AC 的 CHCl₃/CH₃COCH₃ 溶液中加入不同化学计量比的 Eu(OTf)₃ 和 Zn(OTf)₂ 的混合物，可以通过改变 Zn²⁺ 和 Eu³⁺ 的化学计量比来调节荧光颜色和发射光谱（见图 6.10（c）~（e））。如图 6.10（c）所示，当 Zn²⁺ : Eu³⁺ 的化学计量比比例为 1 : 1 时，超分子聚合物在紫外灯照射下呈现微弱的蓝色发射，当比例增加到 1 : 5 后，观察到粉红色的发射光（见图 6.10（e））。如图 6.10（f）所示，发射光谱同时包括 Eu³⁺（580nm，618nm，651nm，688nm）和 Zn²⁺（452nm）配位作用产生的发射带，表明形成了混合金属离子配位超分子聚合物。

　　众所周知，锌离子能强烈结合碱性离子[44] 和羧酸[45]，然后，推断 FSHP 对这些分子有反应。也就是说，当加入少量的螯合剂乙二胺四乙酸（EDTA）或四丁基氢氧化铵（TBAOH）时，FSHP 或基于 FSHP 的材料的荧光猝灭应发生在加入少量的螯合剂乙二胺四乙酸（EDTA）或四丁基氢氧化铵（TBAOH）时。将几滴含锌离子的 FSHP 溶液滴在玻璃上，然后在空气中干燥，制备了两种薄膜。如图 6.11（a）所示，当 EDTA 或 TBAOH 添加到薄膜上时，FSHP 基薄膜的荧光发射都被淬灭，这与 EDTA 配体取代 Zn（Ⅱ）阳离子上的三联吡啶配体或在薄膜中滴入 TBAOH 时形成无机氢氧化锌，导致 FSHP 主链上的锌离子被去除和 FSHP 的解体相一致。在含锌离子的 FSHP 溶液中加入 EDTA 或 TBAOH 时，也观察到类似的发射淬灭现象（见图 6.11（b））。

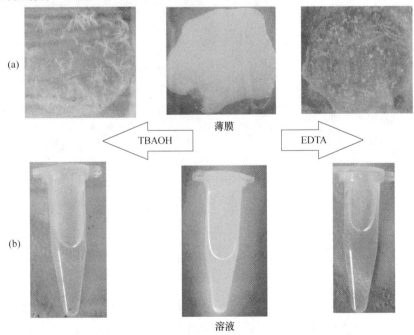

图 6.11　超分子聚合物的光致发光及荧光照片

（a）薄膜的光致发光及荧光发射的淬灭照片；（b）EDTA 或 TBAOH 存在下超分子聚合物溶液的荧光响应

参 考 文 献

［1］ Goujon A, Mariani G, Lang T, et al. Controlled sol-gel transitions by actuating molecular ma-chine based supramolecular polymers ［J］. Journal of The American Chemical Society, 2017, 139 (13): 4923-4928.

［2］ Ni M, Zhang N, Xia W, et al. Dramatically promoted swelling of a hydrogel by pillar ［6］ are-ne-ferrocene complexation with multistimuli responsiveness ［J］. Journal of The American Chemical Society, 2016, 138 (20): 6643-6649.

［3］ Zhang Z, Luo Y, Chen J, et al. Formation of linear supramolecular polymers that is driven by π interactions in solution and in the solid state ［J］. Angewandte Chemie-International Edition, 2011, 50 (6): 1397-1401.

［4］ Chen H, Huang Z, Wu H, et al. Supramolecular polymerization controlled through kinetic trap-ping ［J］. Angewandte Chemie-International Edition, 2017, 56 (52): 16575-16578.

［5］ Zhang Q, Li D, Li X, et al. Multicolor photoluminescence including white-light emission by a single host-guest complex ［J］. Journal of The American Chemical Society, 2016, 138 (41): 13541-13550.

［6］ Qu D, Wang Q, Zhang Q, et al. Photoresponsive host-guest functional systems ［J］. Chemical Reviews, 2015, 115 (15): 7543-7588.

［7］ Zhang Q, Wang W, Yu J, et al. Dynamic self-assembly encodes a tri-stable au-TiO$_2$ photocatalyst ［J］. Advanced Materials, 2017, 29 (5).

［8］ Qin B, Zhang S, Song Q, et al. Supramolecular interfacial polymerization: a controllable method of fabricating supramolecular polymeric materials ［J］. Angewandte Chemie-International Edition, 2017, 56 (26): 7639-7643.

［9］ Xu J, Chen Z, Wu D, et al. Photoresponsive hydrogen-bonded supramolecular polymers based on a stiff stilbene unit ［J］. Angewandte Chemie-International Edition, 2013, 52 (37): 9738-9742.

［10］ Gu R, Yao J, Fu X, et al. A hyperbranched supramolecular polymer constructed by orthogonal triple hydrogen bonding and host-guest interactions ［J］. Chemical Communications, 2015, 51 (25): 5429-5431.

［11］ Yan X, Xu J, Huang F, et al. Photoinduced transformations of stiff-stilbene-based discrete metallacycles to metallosupramolecular polymers ［J］. Proceedings of The National Academy of Sciences of The United States of America, 2014, 111 (24): 8717-8722.

［12］ Chen P, Li Q, S Grindy, et al. White-light-emitting lanthanide metallogels with tunable lumi-nescence and reversible stimuli-responsive properties ［J］. Journal of The American Chemical Society, 2015, 137 (36): 11590-11593.

［13］ Zheng W, Yang G., Shao N, et al. CO$_2$ stimuli-responsive, injectable block copolymer hydro-gels cross-linked by discrete organoplatinum (Ⅱ) metallacycles via stepwise post-assembly pol-ymerization ［J］. Journal of The American Chemical Society, 2017, 139 (39): 13811-13820.

［14］ Fox J, Wie J, Greenl B, et al. High-strength, healable, supramolecular polymer nanocomposites [J]. Journal of The American Chemical Society, 2012, 134 (11): 5362-5368.

[15] Gao M, Tang B. Fluorescent sensors based on aggregation-induced emission: recent advances and perspectives [J]. Acs Sensors, 2017, 2 (10): 1382-1399.

[16] Ajayaghosh A, Vijayakumar C, Praveen V, et al. Self-location of acceptors as "isolated" or "stacked" energy traps in a supramolecular donor self-assembly: a strategy to wavelength tunable fret emission [J]. Journal of The American Chemical Society, 2006, 128 (22): 7174-7175.

[17] Babu S, Prasanthkumar S, Ajayaghosh J, et al. Self-assembled gelators for organic electronics [J]. Angewandte chemie-international edition, 2012, 51 (14): 1766-1776.

[18] Kwok R, Leung C, Lam J, et al. Biosensing by luminogens with aggregation-induced emission characteristics [J]. Chemical Society Reviews, 2015, 44 (13): 4228-4238.

[19] Lavrenova A, Diederik W, Balkenende D, et al. Mechano- and thermoresponsive photolumi-nescent supramolecular polymer [J]. Journal of The American Chemical Society, 2017, 139 (12): 4302.

[20] Wang H, Ji X, Li Z, et al. Fluorescent supramolecular polymeric materials [J]. Advanced Materials, 2017, 29 (14): 1606117.

[21] Beck J, Multistimuli S, Multistimuli. multiresponsive metallo-supramolecular polymers [J]. Journal of The American Chemical Society, 2003, 125 (46): 13922-13923.

[22] R. Abbel, C, Grenier, M, Pouderoijen J, et al. White-light emitting hydrogen-bonded supra-molecular copolymers based on π-conjugated oligomers [J]. Journal of The American Chemical Society, 2009, 131 (9): 833-843.

[23] Luo J, Lei T, Wang L, et al. Highly fluorescent rigid supramolecular polymeric nanowires con-structed through multiple hydrogen bonds [J]. Journal of The American Chemical Society, 2009, 131 (6): 2076-2077.

[24] Rao K, Datta K, Eswaramoorthy M, et al. Highly pure solid-state white-light emission from so-lution-processable soft-hybrids [J]. Advanced Materials, 2013, 25 (12): 1713-1718.

[25] He M, Li J, Tan S, et al. Photodegradable supramolecular hydrogels with fluorescence turn-on reporter for photomodulation of cellular microenvironments [J]. Journal of The American Chemi-cal Society, 2013, 135 (50): 18718-18721.

[26] Görl D, Zhang Z, Stepanenko V, et al. Supramolecular block copolymers by kinetically con-trolled co-self-assembly of planar and core-twisted perylene bisimides [J]. Nature Communica-tions, 2015, 6: 7009.

[27] Liu Y, Lam J, Mahtab F, et al. Sterol-containing tetraphenylethenes: synthesis, aggregation-induced emission, and organogel formation [J]. Frontiers of Chemistry In China, 2010, 5 (3): 325-330.

[28] Hou X, Ke C, Bruns C, et al. Tunable solid-state fluorescent materials for supramolecular en-cryption [J]. Nature Communications, 2015, 6: 6884.

[29] Ni X, Chen S, Yang Y, et al. Facile cucurbit [8] uril-based supramolecular approach to fab-ricate tunable luminescent materials in aqueous solution [J]. Journal of The American Chemical

Society, 2016, 138 (19): 6177-6183.

[30] Kim H, Whang D, Gierschner J, et al. Highly enhanced fluorescence of supramolecular poly-mers based on a cyanostilbene derivative and cucurbit [8] uril in aqueous solution [J]. Ange-wandte Chemie-International Edition, 2016, 55 (12): 15915-15919.

[31] Zhou Y, Zhang H, Zhang Z, et al. Tunable luminescent lanthanide supramolecular assembly based on photoreaction of anthracene [J]. Journal of The American Chemical Society, 2017, 139 (21): 7168-7171.

[32] Xu L, Chen D, Zhang Q, et al. A fluorescent cross-linked supramolecular network formed by orthogonal metal-coordination and host-guest interactions for multiple ratiometric sensing [J]. Polymer Chemistry, 2018, 9 (4): 399-403.

[33] Chen D, Zhan J, Zhang M. A fluorescent supramolecular polymer with aggregation induced e-mission (AIE) properties formed by crown ether-based host-guest interactions [J]. Polymer Chemistry, 2015, 6 (1): 25-29.

[34] Fu X, Zhang Y, Wu Q, et al. A fluorescent hyperbranched supramolecular polymer based on triple hydrogen bonding interactions [J]. Polymer Chemistry, 2014, 5 (23): 6662-6666.

[35] Zhang J, Zhu J, Lu C, et al. A hyperbranched fluorescent supramolecular polymer with aggre-gation induced emission (AIE) properties [J]. Polymer Chemistry, 2016, 7 (26): 4317-4321.

[36] Li W, Qu J, Du J, et al. Photoluminescent supramolecular hyperbranched polymer without conventional chromophores based on inclusion complexation [J]. Chemical Communications, 2014, 50 (67): 9584-9587.

[37] Yu B, Wang B, Guo S, et al. pH-controlled reversible formation of a supramolecular hyper-branched polymer showing fluorescence switching [J]. Chemistry-A European Journal, 2013, 19 (15): 4922-4930.

[38] Ding Y, Wang P, Tian Y, et al. Formation of stimuli-responsive supramolecular polymeric as-semblies via orthogonal metal-ligand and host-guest interactions [J]. Chemical Communications, 2013, 49 (53): 5951-5953.

[39] Dong S., Luo Y, Yan X, et al. A dual-responsive supramolecular polymer gel formed by crown ether based molecular recognition [J]. Angewandte Chemie-International Edition, 2011, 50 (8): 1905-1909.

[40] Wang X, Deng H, Li J, et al. A neutral supramolecular hyperbranched polymer fabricated from an ab2-type copillar [5] arene [J]. Macromolecular Rapid Communications, 2013, 34 (23): 1856-1862.

[41] Xiao T, Feng X, Wang Q, et al. Switchable supramolecular polymers from the orthogonal self-assembly of quadruple hydrogen bonding and benzo-21-crown-7-secondary ammonium salt recog-nition [J]. Chemical Communications, 2013, 49 (75): 8329-8331.

[42] Andrew T, Swager T. Structure——Property relationships for exciton transfer in conjugated poly-mers [J]. Journal of Polymer Science Part B- Polymer Physics, 2011, 49 (7): 476-498.

[43] He L, Liang J, Cong Y, et al. Concentration and acid-base controllable fluorescence of a met-

allosupramolecular polymer [J]. Chemical Communications, 2014, 50 (74): 10841-10844.

[44] Shi B, Jie K, Zhou Y, et al. Formation of fluorescent supramolecular polymeric assemblies via orthogonal pillar [5] arene-based molecular recognition and metal ion coordination [J]. Chemical Communications, 2015, 51 (21): 4503-4506.

[45] Jiang L, Huang X, Chen D, et al. Supramolecular vesicles coassembled from disulfide-linked benzimidazolium amphiphiles and carboxylate-substituted pillar [6] arenes that are responsive to five stimuli [J]. Angewandte Chemie-International Edition, 2017, 56 (10): 2655-2659.

7 基于正交自组装和竞争性自分类组装超分子聚合物及聚合物的结构转化

7.1 概述

近年来，超分子聚合物（SPs）的构筑及功能设计引起了超分子化学研究人员的极大兴趣，研究人员已经通过各种各样的聚合方法构筑了各种结构和功能的超分子聚合物[1-4]聚合方法包括自组装、正交自组装、竞争性自分类组装等[5-8]正交自组装能通过不同非共价键之间的正交作用有效地构建各种结构的超分子聚合物，并能实现不同类型结构的SPs的结构转化，如向线性SPs加入交联剂能实现线性SPs向交联型SPs的结构转化[9]，而正交自组装由于非共价键之间的正交性，在相同类型的SPs间进行结构转化时往往存在困难。与正交自组装相比，竞争性自分类组装因为它允许原始超分子体系被竞争性非共价相互作用破坏，并能通过自分类组装实现SPs的重构，在实现相同类型的SPs结构之间的结构转化具有一定的优势，如田威等人通过二级铵盐功能化的柱［5］芳烃在有机溶液中构筑了一种超支化均聚物，向上述体系中加入具有竞争性的单体后超支化均聚物被破坏，并形成了一种超分子超支化交替共聚物[10]。

超分子化学家已经通过正交自组装构建了各种各样不同结构和功能的SPs，如王乐勇等人基于嘧啶酮的多重氢键作用，通过两端为嘧啶酮基团的柱［5］芳烃在有机溶液中构筑了线性超分子聚合物，而后基于柱芳烃与百草枯衍生物的主客体反应，向上述体系加入百草枯衍生物后得到了交联的超分子聚合物[11]。Stang等人通过冠醚主客体反应、金属配位、多重氢键识别三种非共价作用共同驱动制备了一种新型的线性超分子共聚物，该共聚物是由机械互锁的有机铂（Ⅱ）金属环和冠醚-二级铵盐构筑基元通过四重氢键构建的，这种构建方法能限制环状低聚物的形成，因此，提高了超分子聚合物聚合效率[12]。另一方面，利用竞争自分类组装实现SPs的结构转化的例子也已见报道[13]。截至目前，虽然利用正交自组装和竞争性自分类组装来构筑超分子聚合物已有研究，但结合这两种聚合方法的各自优点来构建和转化SPs的结构的研究还未见报道。在本章中，本书作者及团队提出整合这两种聚合物方法的优点来构建新型的SPs，并实现SPs的结构可控转化。首先设计合成了3种不同的单体AB、AE和D_2（见图7.1）；利用AB+D_2的正交自组装构筑了超分子聚合物SP1；基于竞争性自分类组装实现了超分子聚合物SP1的结构转化并阐述了超分子聚合物的刺激响应行为和荧光调控行为。

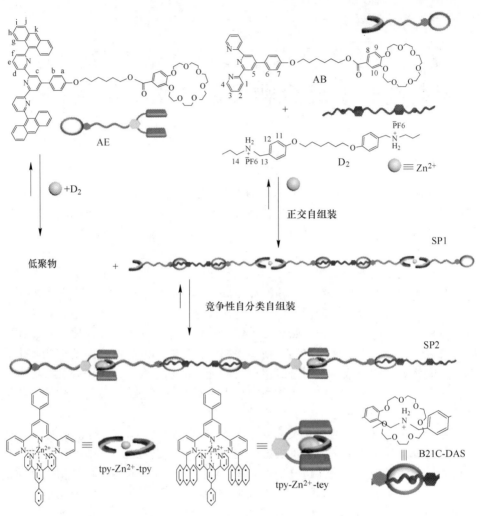

图 7.1　基于正交自组装和竞争性自分类组装构筑超分子聚合物及聚合物结构转化示意图

7.2　单体的合成与表征

　　单体及中间体合成路线如图 7.2 所示，所有合成的新化合物都通过氢谱、碳谱、高分辨率质谱得到表征。

　　中间体 M4 的制备是以六甘醇为原料，接着，通过与对甲基苯磺酰氯反应得到化合物 M1。M1 再与 3，4-二羟基苯甲酸甲酯在氟硼化钾的作用下得冠醚酸酯 M2，接着在碱的作用下发生水解反应得冠醚酸 M3。最后，M3 与 1，6-二溴己烷在 TBAF 作用下反应生成化合物 M4。通过该反应路线得到产物的产率高，副产物少，也易于提纯。

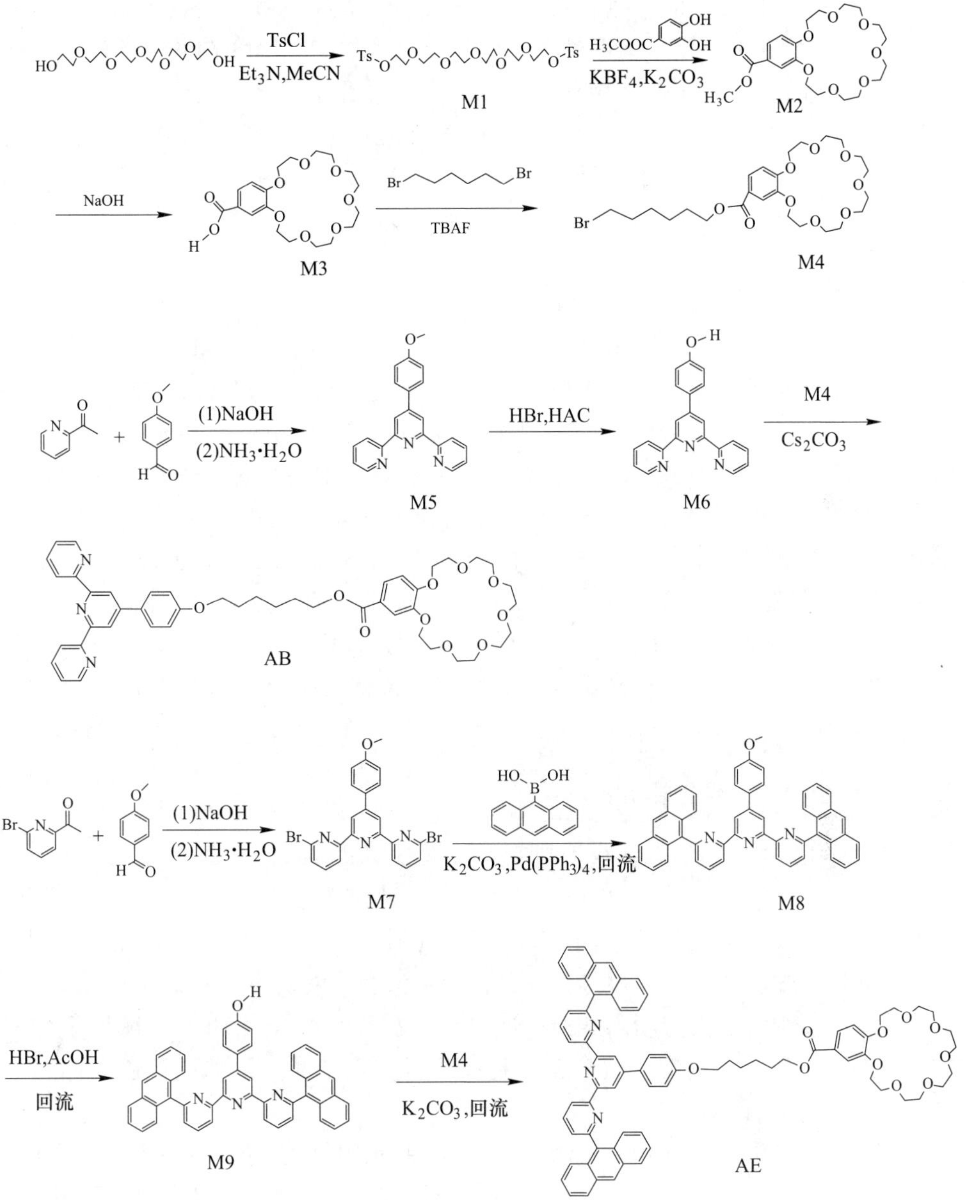

图 7.2 单体 AB、AE、M4 和 D₂ 的合成路线

单体 AB 的制备是先将 2-乙酰吡啶与茴香醛在氢氧化钠条件下反应半小时，接着在反应溶液中加入氨水继续反应生成化合物 M5。M5 在酸性条件下水解得到 M6。最后 M6 与 M4 在碳酸铯碱性条件下通过亲核反应得到单体 AB。

单体 AE 的制备与单体 AB 的制备相似，先将 2-乙酰-6-溴吡啶与茴香醛在氢氧化钠条件下反应半小时，接着在反应溶液中加入氨水继续反应生成化合物 M7。M7 与 9-蒽硼酸在 Pd(PPh$_3$)$_4$ 条件下反应生成化合物 M8。M8 在酸性条件下水解生成化合物 M9。最后 M9 与 M4 在碳酸铯碱性条件下通过亲核反应得到单体 AE。

单体 D$_2$ 的合成是以对羟基苯甲醛为原料，在碳酸钾条件下与 1，6-二溴己烷反应生成化合物 M10。在甲醇溶液中加入化合物 M10 与丙胺，将上述反应液回流过夜，依次加入硼氢化钠、盐酸和六氟磷酸铵得到目标产物 D$_2$。

7.2.1　化合物 M6 的合成[15]

在 0℃ 下，将 2-乙酰基吡啶（2.0g，9.9mmol）、氢氧化钠（0.45g，11.25mmol）、茴香醛（1.2g，9.0mmol）、40mL 乙醇置于 150mL 反应瓶中。在 25℃ 下搅拌 18h 后，将 25mL 氨水（质量分数为 28%）加入混合物中，回流 18h 后冷却至 25℃，将反应瓶中的混合溶液在分液漏斗中用二氯甲烷进行萃取，收集二氯甲烷层溶液用水洗涤一次，经无水硫酸钠干燥 1h 后，减压条件下旋去溶剂，得到黄色的粗产物。粗产物在乙醇中重结晶，得到浅黄色固体 M6，产率为 58%。M6 的氢谱如下所示。

^{1}H NMR（400MHz，CDCl$_3$）：$\delta(10^{-6})$ = 8.54(s,2H)，8.66(d,J=7.7Hz,2H)，7.73(d,J=8.5Hz,2H)，7.60(t,J=7.7Hz,2H)，7.55(d,J=7.7Hz,2H)，7.01(d,J=8.6Hz,2H)，3.89(s,3H).

7.2.2　化合物 M7 的合成[15]

在 0℃ 下，将 2-乙酰基-6 溴吡啶（4.0g，19.8mmol）、氢氧化钠（0.9g，22.5mmol）、茴香醛（1.2g，9.0mmol）、40mL 乙醇置于 150mL 反应瓶中，混合均匀。在 25℃ 下搅拌 18h 后，将 25mL 氨水（质量分数为 28%）加入混合物中，回流 18h 后冷却至 25℃，将反应瓶中的混合溶液在分液漏斗中用二氯甲烷进行萃取，收集二氯甲烷层溶液用水洗涤一次，经无水硫酸钠干燥 1h 后，减压条件下旋去溶剂，得到黄色的粗产物。粗产物在乙醇中重结晶，得到浅黄色固体 M7，产率为 62%。M7 的氢谱如下所示。

^{1}H NMR（400MHz，CDCl$_3$）：$\delta(10^{-6})$ = 8.54(s,2H)，8.66(d,J=7.7Hz,2H)，7.73(d,J=8.6Hz,2H)，7.59(t,J=7.8Hz,2H)，7.55(d,J=7.8Hz,2H)，7.01(d,J=8.6Hz,2H)，3.89(s,3H).

7.2.3　化合物 M9 的合成[15]

在 0℃ 下，向溶有 M8（0.2g，0.3mmol）的乙酸溶液（10mL，0.3mmol）中，加入氢溴酸（10mL，59.0mmol）并回流 16h，减压条件下旋去溶剂，残渣用氢氧化钠中和后用甲苯萃取，收集甲苯层溶液用水洗涤一次，经无水硫酸钠干燥 1h 后，减压条件下旋去溶剂，得到淡黄色固体 M9，产率为 60%。

^{1}H NMR（400MHz，CDCl$_3$）：δ（10^{-6}）= 8.85（d，J = 7.8Hz，2H），8.58（s，2H），8.58（s，2H），8.16（t，J = 7.7Hz，2H），8.06（d，J = 8.4Hz，4H），7.72（d，J = 8.7Hz，4H），7.54（d，J = 7.5Hz，2H），7.48~7.40（m，4H），6.51（d，J = 8.5Hz，2H），3.56（s，3H）。

7.2.4 化合物 M4 的合成

将化合物 M3（3.00g，7.5mmol）、1，6-二溴己烷（5.56g，2.3mmol）和四丁基氟化铵（1mol/L，10mL）溶解在50mL四氢呋喃溶液中，在室温下搅拌10~12h。反应结束后将反应瓶中的混合溶液在分液漏斗中用水和二氯甲烷（体积比为1:1）进行萃取，并将水层再用150mL二氯甲烷洗涤两次。收集二氯甲烷层溶液，经无水硫酸钠干燥1h后，减压条件下旋去溶剂，得到粗产物。湿法上样将粗产品添加至用二氯甲烷溶解的硅胶层析柱中进行纯化［V(二氯甲烷)：V(甲醇)= 70:1］，得到白色固体 M4（4.00g，产率为95%）。M4 的氢谱、碳谱、质谱如下所示。

^{1}H NMR（400MHz，CDCl$_3$）：δ（10^{-6}）= 7.66（d，J = 8.4Hz，1H），7.54（s，1H），6.88（d，J = 8.4Hz，1H），4.28（t，J = 6.6Hz，2H），4.21（m，4H），3.94（m，4H），3.79（m，4H），3.74（m，4H），3.67（m，8H），3.41（t，d，J = 6.6Hz，2H），1.89（m，2H），1.77（m，2H），1.49（m，4H）。

^{13}C NMR（100MHz，CDCl$_3$）：δ（10^{-6}）= 166.41，152.99，148.36，148.36，123.94，123.27，114.78，112.41，71.37，71.26，71.18，71.15，71.08，71.06，70.65，69.73，69.58，69.40，69.18，64.73，33.75，32.69，28.68，27.89，25.35。

HR-ESI-MS：m/z calcd for ［M + H］$^+$ = 563.1850，found = 563.1841，error = 1.6×10^{-6}。

7.2.5 单体 AB 的合成

将 M6（3.00g，9.2mmol）、M4（5.18g，9.2mmol）、Cs$_2$CO$_3$（8.97g，27.6mmol）置于150mL反应瓶中并加入100mLDMF溶液，将反应液升温到75℃并搅拌16h。反应结束后，在减压条件下旋去溶剂。将反应瓶中的残渣在分液漏斗中用水和二氯甲烷（体积比为1:1）进行萃取，水层进一步用40mL二氯甲烷洗涤两次，收集二氯甲烷层溶液，经无水硫酸钠干燥1h后，减压条件下旋去溶剂，得到粗产物。湿法上样将粗产品添加至用二氯甲烷溶解的硅胶层析柱中进行纯化［V(二氯甲烷)：V(甲醇)= 60:1］，得到白色固体 AB（5.20g，产率为70%）。单体 AB 的氢谱、碳谱、质谱如下所示。

^{1}H NMR（400MHz，CDCl$_3$，298K）：δ（10^{-6}）= 8.74（s，2H），8.73（s，2H），

8.68（d，J = 8.0Hz，2H），7.89（m，4H），7.65（d，J = 6.8Hz，1H），7.55（s，1H），7.36（d，J=1.2Hz，2H），7.36（m，2H），7.02（d，J=8.8Hz，2H），6.84（d，J=8.4Hz，1H），4.31（t，J = 1.2Hz，2H），4.19（m，4H）），4.04（t，J = 6.4Hz，2H），3.92（m，4H），3.78（m，4H），3.72（m，4H），3.66（m，8H），1.84（m，4H），1.56（m，4H）.

^{13}C NMR（100MHz，CDCl$_3$）：δ（10^{-6}）= 166.51，160.20，156.44，155.87，153.00，149.92，149.14，148.40，137.04，130.63，128.62，123.97，123.38，121.52，118.39，115.00，114.82，112.41，71.41，71.30，71.22，71.13，71.09，70.69，69.77，69.60，69.20，68.03，64.30，29.81，29.28，28.84，26.00，25.93.

HR-ESI-MS：m/z calcd for ［M+H］$^+$ = 808.3804，found = 808.3796，error = 1.0×10^{-6}.

7.2.6　化合物 M8 的合成[15]

在氮气氛围中，将 M7（5.00g，10.1mmol）、9-蒽硼酸（6.70g，22.0mmol）和 Na$_2$CO$_3$（10.60g，0.1mol）置于 150mL 甲苯/H$_2$O/叔丁醇（体积比为 3：3：1）的混合溶液中，加入 Pd（PPh$_3$）$_4$（577.8mg，0.5mmol）。将反应物回流 1 天。反应结束后，将反应瓶中的混合溶液在分液漏斗中用二氯甲烷和水（体积比为 2：1）进行萃取，收集二氯甲烷层溶液用水洗涤一次，经无水硫酸钠干燥 1h 后，减压条件下旋去溶剂，得到粗产物。粗产物用乙醇重结晶，得到白色固体 M8（5.60g，产率为 80%）。化合物 M8 的氢谱如下所示。

^{1}H NMR（400MHz，CDCl$_3$）：δ（×10^{-6}）= 8.90（d，J=7.9Hz，2H），8.62（s，2H），8.57（s，2H），8.17~8.04（m，6H），7.74（d，J=8.8Hz，2H），7.56（m，4H），7.51~7.42（m，4H），7.41~7.34（m，4H），6.75（d，J=8.9Hz，2H），3.69（s，3H）.

7.2.7　单体 AE 的合成

将 M9（2.00g，2.95mmol）、M4（1.66g，2.95mmol）、Cs$_2$CO$_3$（2.91g，9mmol）置于 50mLDMF 溶液中，将反应温度设定为 80℃并反应 12h。将反应物冷却至室温，并在减压蒸发下除去溶剂。反应结束后，在减压条件下旋去溶剂。将反应瓶中的残渣在分液漏斗中用水和二氯甲烷（体积比为 1：1）进行萃取，水层进一步用 40mL 二氯甲烷洗涤两次，收集二氯甲烷层溶液，经无水硫酸钠干燥 1h 后，减压条件下旋去溶剂，得到粗产物。湿法上样将粗产品添加至用二氯甲烷溶解的硅胶层析柱中进行纯化［V（二氯甲烷）：V（甲醇）= 70：1］，得到白色固体 AE（2.56g，产率为 75%）。单体 AE 的氢谱、碳谱、质谱如下所示。

^{1}H NMR（400MHz，CDCl$_3$）：δ（10^{-6}）= 8.94（d，J=8.0Hz，2H），8.67（s，2H），8.57（s，2H），8.17~8.10（m，6H），7.80（d，J=8.0Hz，4H），7.61~7.55（m，5H），7.51~7.47（m，5H），7.41~7.36（m，4H），6.82（d，J=8.0Hz，1H），6.75（d，J=

8.0Hz,2H),4.26(t,J=6.6Hz,2H),4.18(m,4H),3.92(m,4H),3.87(t,J=4.0Hz,2H),3.80(m,4H),3.74(m,4H),3.68(m,8H),1.75(m,4H),1.46(m,4H).

^{13}C NMR(100MHz,CDCl$_3$):δ($\times10^{-6}$)=166.36,159.85,157.57,156.57,155.78,152.84,148.25,137.13,135.51,131.46,130.19,128.52,128.47,127.53,127.04,126.34,125.83,125.19,120.10,118.95,114.95,112.27,71.29,71.18,71.11,71.08,70.98,70.58,69.65,69.49,69.28,69.05,67.75,64.77,29.04,28,66,25.82,25.71.

MALDI-TOF-MS：m/z calcd for $[M]^+$ = 1159.4983,found = 1159.4971,error = 1.0×10^{-6}.

7.2.8 化合物 D$_2$ 的合成

在氮气氛围下，将 M10（2.42g，7.4mmol）、丙胺（0.88g，14.8mmol）、60mL 乙醇置于150mL 反应瓶中，将反应温度设定为80℃并搅拌过夜。反应结束后，将反应瓶中的液体冷却，在反应瓶中加入 NaBH$_4$（0.56g，15.0mmol），此时，混合溶液体系继续反应10h。未反应的 NaBH$_4$用 60mL 水淬灭，加入 2mol/L 盐酸除去 NaBH$_4$水的产物 NaOH。减压条件下旋去溶剂，得到中间单体。向中间单体中加入 40mL 丙酮中并进行搅拌，此时反应瓶中的液体呈悬浮状，继续加入 NH$_4$PF$_6$，观察到悬浮液变为澄清溶液时停止添加 NH$_4$PF$_6$，减压条件下旋去溶剂，加入 200mL 水洗涤粗产物后过滤，得到白色固体 D$_2$（2.61g，产率为50%）。化合物 D$_2$ 的氢谱、碳谱、质谱如下所示。

^{1}H NMR(400MHz,CD$_3$CN,298K):δ($\times10^{-6}$)=7.99(br,4H),7.51(d,J=8.8,4H),7.02(d,J=8.8,4H),4.49(s,4H),4.06(t,J=6.4,4H),3.35(t,J=7.8,4H),1.86(m,4H),1.57(m,4H),1.03(t,J=7.4,6H).

^{13}C NMR(100MHz,CD$_3$CN):δ($\times10^{-6}$)=160.23,131.70,122.81,114.88,67.76,51.38,49.48,28.96,25.61,19.42,10.24.

HR-ESI-MS：m/z calcd for $[M-2PF_6-]^{2+}$ = 207.1618,found = 207.1617,error = 5×10^{-7}.

7.3 超分子聚合物的构筑与表征

为研究单体 AB、D$_2$ 和 Zn(OTf)$_2$ 在溶液中是否可以通过正交自组装和竞争性自分类组装实现超分子聚合物的构筑及结构转化。首先合成了4种模型化合物1~4并研究了它们在氘代氯仿与氘代乙腈（体积比为3∶1）中的非共价作用（见图7.3），制备一系列包含两种模型化合物的溶液并研究了它们的氢谱。如图7.4所示，将等摩尔的模型化合物1和2在氘代氯仿与氘代乙腈（体积比为

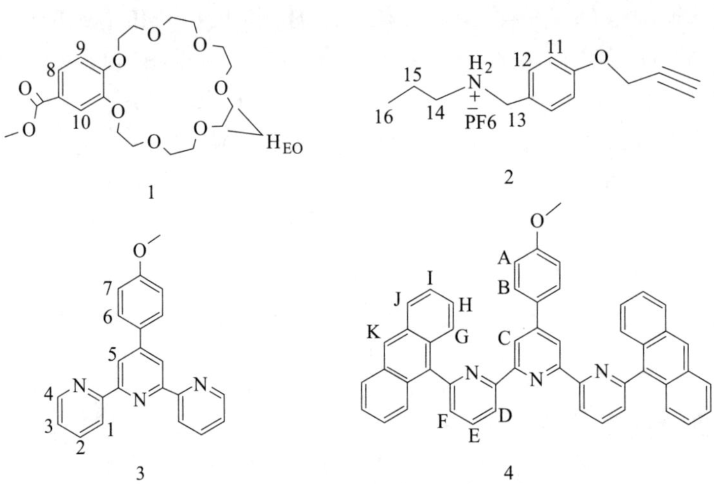

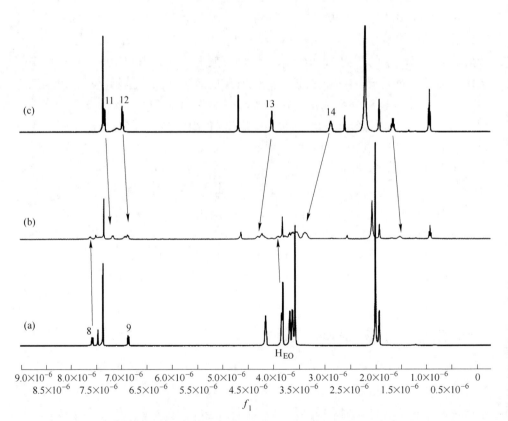

图 7.3　模型化合物 1~4 的化学结构

图 7.4　氢谱图 [400MHz, V(氘代氯仿)：V(氘代乙腈)= 3：1，293K]
(a) 化合物 1；(b) 等摩尔的化合物 1+2 混合溶液；(c) 化合物 2

3∶1) 中混合，混合物的氢谱图相对未混合前的化合物 1 和 2 变得复杂，其中模型化合物 2 的质子 11、12 的信号峰裂分成了两组峰，表明苯并-21-冠-7 与二级铵盐基团之间存在慢的交换反应[14]。另一方面，将锌离子添加到模型化合物 3 的溶液中后，观察到质子信号峰的化学位移发生变化，表明化合物 3 和锌离子间形成了金属配位结构（tpy-Zn^{2+}-tpy）。此外，等摩尔浓度的模型化合物 1、2、3 和 Zn(OTf)$_2$ 在氘代氯仿与氘代乙腈（体积比为 3∶1）的氢谱证实了模型化合物 1 和 2、3 和锌离子之间存在正交的非共价相互作用（见图 7.5）。图 7.6（e）的氢

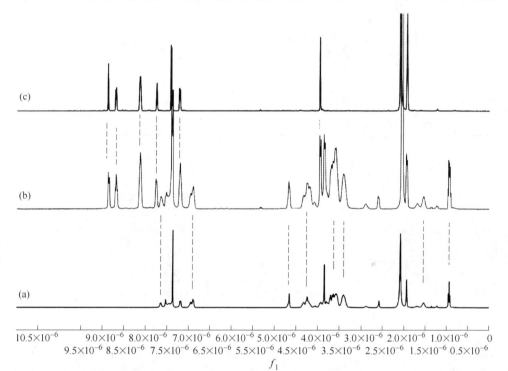

图 7.5　氢谱图［400MHz，V（氘代氯仿）∶V（氘代乙腈）= 3∶1，293K］
（a）化合物 1+2；（b）化合物 1+2+3+Zn^{2+}；（c）化合物 3+Zn^{2+}

谱显示了模型化合物 4 与锌离子的配位不完全，原因可能是在吡啶基上存在蒽基取代基，由于蒽基较大的空间位阻导致化合物 4 与锌离子不能形成稳定的络合物。当模型化合物 4 添加到化合物 3 和锌离子的混合溶液中时，观察到化合物 3 和 Zn^{2+} 的质子信号峰的化学位移产生了明显的变化，且位移变化类似于 Chan 研究组的报道[15]，表明化合物 3、4 和 Zn^{2+} 能导致原始的 tpy-Zn^{2+}-tpy 结构的解体（见图 7.6（c）），同时形成更稳定的互补的 tpy-Zn^{2+}-tey 金属配位结构。最后，4 种模型化合物 1、2、3、4 和 Zn(OTf)$_2$ 的混合溶液的氢谱也证明化合物 1 和 2、3 和 4 与锌离子间发生了自分类络合反应（见图 7.7）。

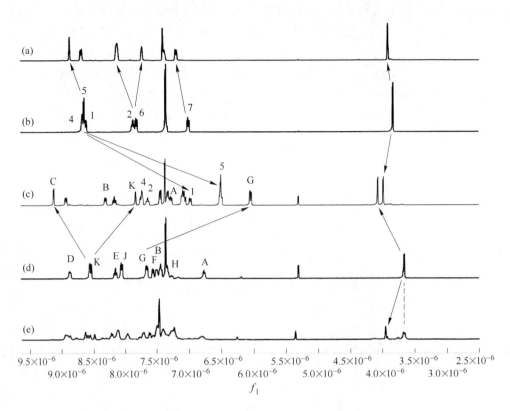

图 7.6　氢谱图［400MHz，V(氘代氯仿)：V(氘代乙腈)＝3：1，293K］
(a) 化合物 3+Zn²⁺；(b) 化合物 3；(c) 化合物 3+4+Zn²⁺；(d) 化合物 4；(e) 化合物 4+Zn²⁺

　　紫外可见吸收光谱也被用来研究单体之间的非共价作用。如图 7.8（a）所示，当用 Zn(OTf)₂ 滴定单体 AB 溶液时，紫外可见吸收光谱显示在 316nm 处存在等吸收点，表明三联吡啶加入锌离子后，未配位的三联吡啶能逐渐转化为配位的结构。当 AB 和 Zn(OTf)₂ 的摩尔比达到 2：1 时，混合溶液的紫外可见光吸收光谱产生了最大吸收带（$\lambda_{max}=342nm$），这证实形成了 tpy-Zn²⁺-tey 金属配位结构。当用 Zn(OTf)₂ 滴定摩尔比为 2：1 的 AB 和 D₂ 的混合物溶液时，如图 7.9（a）所示，紫外可见吸收光谱与 Zn(OTf)₂+AB 滴定体系相似，且在 Zn(OTf)₂ 与 AB 摩尔为 1：2 时达到最大吸收峰，这些数据表明苯并-21-冠-7 与二级铵盐的主客体反应不会干扰 tpy-Zn²⁺-tpy 金属配位反应，这两种非共价反应在氘代氯仿：氘代乙腈（体积比为 3：1）中是正交的。类似地，用 Zn(OTf)₂ 滴定 AB+AE 的混合溶液，以及 AB+AE+D₂ 的混合溶液，从图 7.8（b）和图 7.9（b）中观察到 Zn(OTf)₂+AB+AE（摩尔比为 1：1：1）及 AB+AE+D₂+Zn(OTf)₂ 溶液的紫外吸收光谱在 344nm 处达到最大吸收带，表明形成了 tpy-Zn²⁺-tey 配位结构。

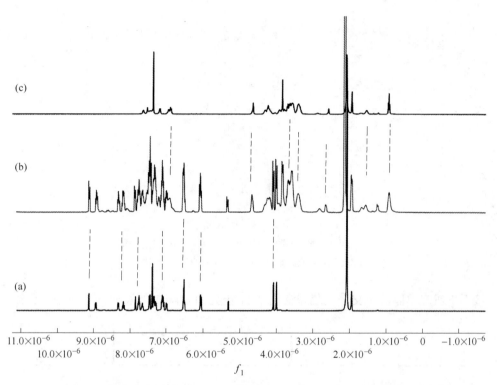

图 7.7　氢谱图［400MHz，V(氘代氯仿)：V(氘代乙腈) = 3：1，293K］
（a）化合物 3+4+Zn^{2+}；（b）化合物 1+2+3+4+Zn^{2+}；（c）化合物 1+2

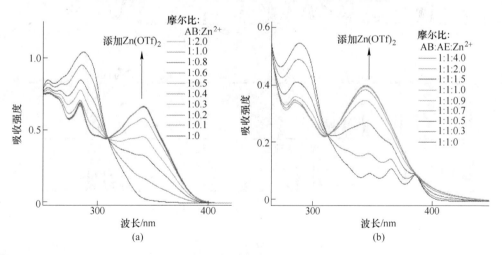

图 7.8　紫外吸收光谱
（a）将 Zn(OTf)$_2$ 逐渐添加到 0.05mmol/L 的 AB 溶液；
（b）将 Zn(OTf)$_2$ 逐渐添加到 0.05mmol/L 的 AB+AE 溶液中

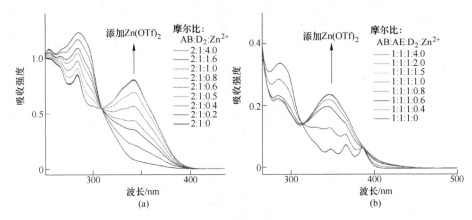

图 7.9 紫外吸收光谱

（a）将 Zn(OTf)$_2$ 逐渐添加到 0.05mmol/L 的 AB+D$_2$ 溶液；

（b）将 Zn(OTf)$_2$ 逐渐添加到 0.05mmol/L 的 AB+AE+D$_2$ 溶液中

接下来研究单体的正交自组装和竞争性自分类组装。如图 7.10(c) 所示，单体

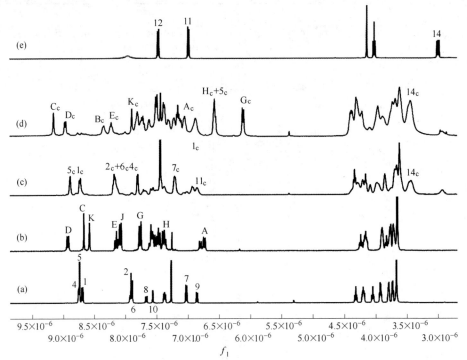

图 7.10 氢谱图[400MHz,V(氘代氯仿):V(氘代乙腈)= 3:1,298K]

（a）单体 AB；（b）单体 AE；（c）摩尔比为 2:1:1 的 AB+D$_2$+Zn(OTf)$_2$ 溶液，

浓度为 5mmol/L；（d）摩尔比为 1:1:1:1 的 AB+AE+D$_2$+Zn(OTf)$_2$ 溶液，

浓度为 5mmol/L；（e）单体 D$_2$

AB、D_2 和 Zn(OTf)$_2$ 在氘代氯仿与氘代乙腈混合溶剂中形成了复杂的氢谱。为了归属这些复杂的氢谱信号，通过模型化合物的氢谱图与单体 AB、D_2 和 Zn(OTf)$_2$ 的二维 COSY 谱（见图 7.11）相结合的方法精确归属了质子的化学位移。如图 7.10(c)，当单体 AB 浓度为 5mmol/L 时，单体 AB、D_2 和 Zn(OTf)$_2$ 的氢谱上的 AB 上的质子 1、2 和 5 的化学位移向低场移动，质子 4 的化学位移向高场移动，表明形成了金属配位结构（tpy-Zn^{2+}-tpy）[16]。同时，单体 D_2 上的质子 11 和 12 的信号峰向低场移动，这一现象表明苯并-21-冠-7 与二级铵盐之间存在主客体相互作用。随着浓度的增加，浓度依赖性氢谱峰变宽，进一步支持了超分子聚合物 SP1 的形成（见图 7.12）。

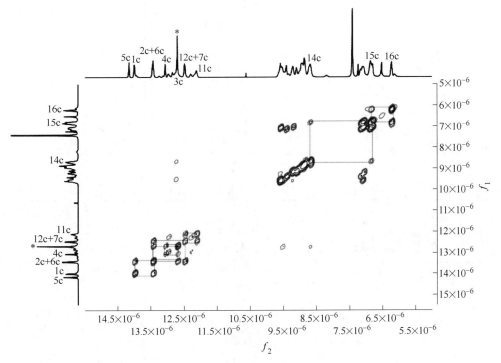

图 7.11　单体 AB+D_2+Zn(OTf)$_2$ 的 COSY 谱
［400MHz，V(氘代氯仿)：V(氘代乙腈)=3∶1,293K,40mmol/L］

由于 tey-Zn^{2+}-tpy 金属配位结构比 tpy-Zn^{2+}-tpy 更稳定，因此向 AB+D_2+Zn(OTf)$_2$ 的混合溶液中加入单体 AE 有可能实现超分子聚合物的结构转化。如图 7.13(h) 所示，由于 tey-Zn^{2+}-tey 金属配体对不稳定[15]，AE+D_2+Zn(OTf)$_2$ 的混合溶液的氢谱质子信号峰在高浓度时仍呈尖峰形状，表明 AE+D_2+Zn(OTf)$_2$ 形成了低聚物而没有形成高分子量的超分子聚合物。如图 7.10(d)，将单体 AE 添加到由 AB、D_2 和 Zn(OTf)$_2$ 自组装的超分子聚合物 SP1 溶液中，观察到 tpy-Zn^{2+}-

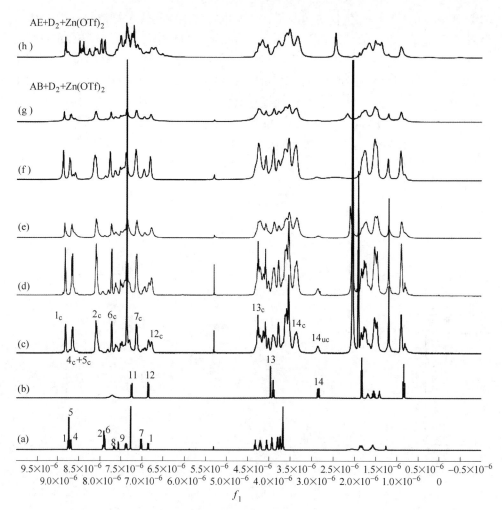

图 7.12 AB+D$_2$+Zn(OTf)$_2$ 在单体 AB 不同浓度下的氢谱图

[400MHz, V(氘代氯仿)：V(氘代乙腈)= 3：1,298K]

（a）单体 AB；（b）单体 D$_2$；（c）4mmol/L；（d）15mmol/L；（e）80mmol/L；

（f）120mmol/L；（g）220mmol/L；（h）220mmol/L，AE+D$_2$+Zn(OTf)$_2$ 的摩尔比为 2：1：1

tpy 金属配位的原始质子信号峰（1c，5c，2c，6c）消失了，并且在高场区域出现新的质子信号峰（1c，5c，Cc，Dc，Gc），表明原始的 tpy-Zn^{2+}-tpy 金属配位结构被破坏，且由于 tpy-Zn^{2+}-tey 的竞争配位作用形成了新的 tpy-Zn^{2+}-tey 金属配位结构。同时，仍然观察到 AB 和 AE 上的苯并-21-冠-7 基团与 D$_2$ 上的二级铵盐基团间的主客体反应（见图 7.10（d））。随着单体浓度的增加，AB+D$_2$+AE+Zn(OTf)$_2$ 氢谱峰变宽，支持了 AB+D$_2$+AE+Zn(OTf)$_2$ 在较高浓度下能形成超分子聚合物 SP2（见图 7.14）。二维 NOESY 谱也被用来表征超分子聚合物的组装，如图 7.15 和图 7.16 所示, SP1 和 SP2 体系中均观察到二级铵盐的质子 12 和苯并 -21-冠-7 的质子 H_{EO} 之间有很强的相关性, 表明单体 AB 和 AE 的苯并 21-冠-7 基团与 D_2 的二级铵盐基团间存在强络合作用。

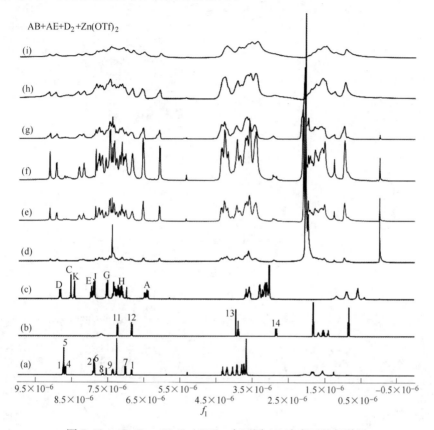

图 7.13　AB+D_2+AE+Zn(OTf)$_2$ 在不同 AB 浓度下的氢谱图

[400MHz, V(氘代氯仿) : V(氘代乙腈) = 3 : 1, 298K]

(a) 单体 AB; (b) 单体 D_2; (c) 单体 AE; (d) 2mmol/L; (e) 6mmol/L;

(f) 20mmol/L; (g) 60mmol/L; (h) 100mmol/L; (i) 250mmol/L

二维 DOSY (扩散序列) 谱也被用来表征超分子聚合物的 SP1 的构筑及结构转化 (见图 7.17~图 7.19)。如图 7.17 所示, 当单体 AB 的浓度从 2.00mmol/L 增加到 120.0mmol/L, AB+D_2+Zn(OTf)$_2$ 体系的扩散系数 (D) 从 $5.82×10^{-10}$ m^2/s 降低到 $6.21×10^{-11}$ m^2/s, 表明 AB+D_2+Zn(OTf)$_2$ 在高浓度下形成了超分子聚合物 SP1。当向 SP1 系统中添加等摩尔的 AE+D_2+Zn(OTf)$_2$ 时 (单体 AE 和 AB 的浓度均为 60mmol), D 值降低到 $2.35×10^{-11}$ m^2/s, 表明 SP1 在加入 AE 后转变为新的更高分子量的超分子聚合物 SP2。当稀释浓度时, SP1 体系和 SP2 体系的 D 值都随之增加, 进一步证实了两个体系的超分子聚合都存在浓度依赖性。

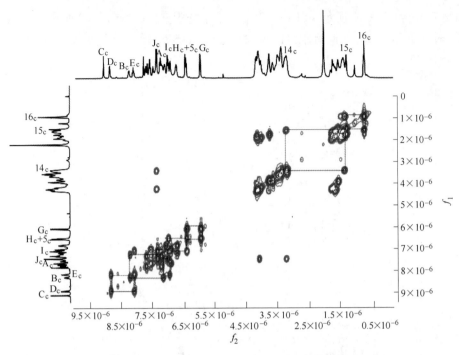

图 7.14   AB+AE+D₂+Zn(OTf)₂ 的 COSY 谱

[400MHz, V(氘代氯仿)：V(氘代乙腈)＝3∶1, 293K, 40mmol/L]

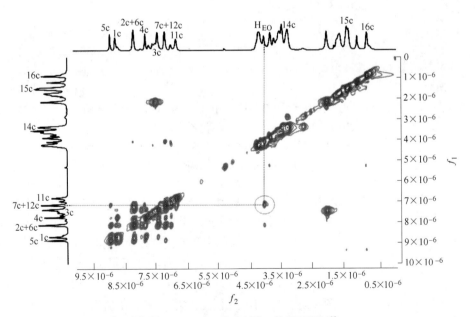

图 7.15   AB+D₂+Zn(OTf)₂ 的 NOESY 谱

[400MHz, V(氘代氯仿)：V(氘代乙腈)＝3∶1, 293K, 40mmol/L]

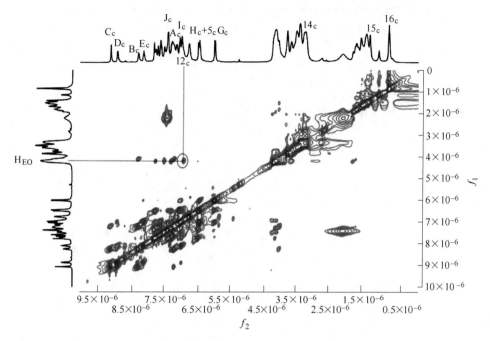

图 7.16　AB+AE+D₂+Zn(OTf)₂ 的 NOESY 谱

[400MHz, V(氘代氯仿):V(氘代乙腈)=3:1,293K,40mmol/L]

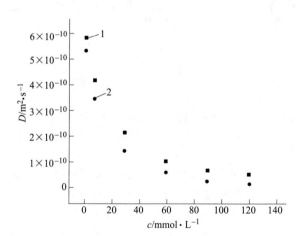

图 7.17　AB+D₂+Zn(OTf)₂ 和 AB+AE+D₂+Zn(OTf)₂ 在

V(氘代氯仿):V(氘代乙腈)=3:1 溶剂中的平均

扩散系数与单体 AB 浓度 (500MHz, 298K) 的关系图

1—AB+D₂+Zn²⁺; 2—AB+AE+D₂+Zn²⁺

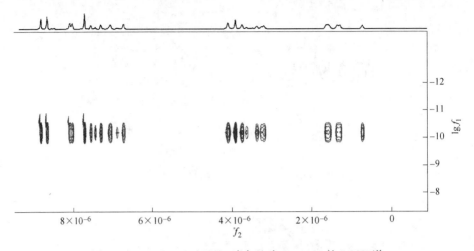

图 7.18　AB+D$_2$+Zn(OTf)$_2$ 摩尔比为 2∶1∶1 的 DOSY 谱

[500MHz,V(氘代氯仿)∶V(氘代乙腈)= 3∶1,298K]，B21C7 的单位浓度为 120mmol/L

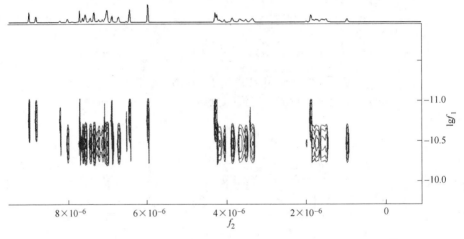

图 7.19　AB+AE+D$_2$+Zn(OTf)$_2$ 摩尔比为 1∶1∶1∶1 的 DOSY 谱

[500MHz,V(氘代氯仿)∶V(氘代乙腈)= 3∶1,298K]，B21C7 的单位浓度为 120mmol/L

黏度测量作为超分子聚合的重要表征方法，被用来进一步表征超分子聚合物的形成和结构转化。用毛细管乌氏黏度计测量 AB+D$_2$+Zn(OTf)$_2$ 和 AB+AE+D$_2$+Zn(OTf)$_2$ 在氘代氯仿与氘代乙腈溶液中的增比黏度。如图 7.20 所示，在低浓度下，AB+D$_2$+Zn(OTf)$_2$ 和 AB+AE+D$_2$+Zn(OTf)$_2$ 的超分子聚合物体系的增比黏度/浓度的斜率分别为 0.91 和 0.98。当单体的浓度增加到临界聚合浓度以上时，AB+D2+Zn(OTf)$_2$ 的超分子聚合物体系的斜率变为 1.66，而 AB+AE+D$_2$+Zn(OTf)$_2$ 的斜率变为 1.90（临界聚合浓度分别为 26mmol/L 和 21mmol/L），表明随着单体浓度的增加，形成了聚合度更高的超分子聚合物。

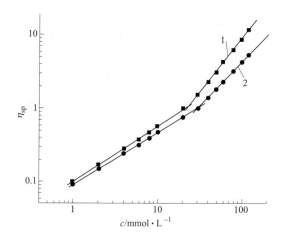

图 7.20　AB+D$_2$+Zn(OTf)$_2$ 和 AB+AE+D$_2$+Zn(OTf)$_2$
在 V(氘代氯仿)：V(氘代乙腈)=3∶1 溶剂中的比黏度与 AB 浓度的关系
1—AB+AE+D$_2$+Zn^{2+}；2—AB+D$_2$+Zn^{2+}

　　动态光散射（DLS）和透射电镜（TEM）表征手段可证实超分子聚合物的尺寸和形态。如图 7.21(a) 所示，在单体浓度为 100mmol/L 的氘代氯仿与氘代乙

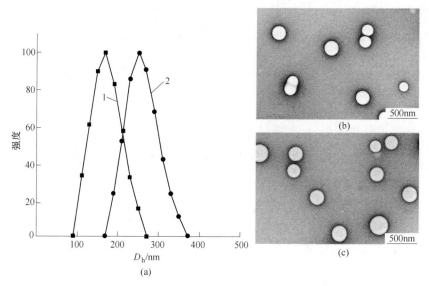

图 7.21　AB+D$_2$+Zn(OTf)$_2$ 和 AB+AE+D$_2$+Zn(OTf)$_2$ 的流体动力学直径分布、TEM 图
（a）流体动力学直径分布（V(氘代氯仿)：V(氘代乙腈)=3∶1，B21C7 浓度为 100mmol/L，298K）；
（b）AB+D$_2$+Zn(OTf)$_2$ 的 TEM 图；（c）AB+AE+D$_2$+Zn(OTf)$_2$ 的 TEM 图
1—AB+D$_2$+Zn(OTf)$_2$；2—AB+AE+D$_2$+Zn(OTf)$_2$

腈溶液（体积比为 3：1）中，$AB+D_2+Zn(OTf)_2$ 的平均流体动力学直径（D_h）为 170nm。当将 $AE+D+Zn(OTf)_2$ 添加到 $AB+D_2+Zn(OTf)_2$ 溶液中时，体系的流体动力学直径升高到 250nm（B21C7 基团浓度为 100mmol/L），表明形成了尺寸更大的超分子聚合物。以上实验结果可以合理地解释：由于 tey-Zn^{2+}-tpy 金属配位结构比 tpy-Zn^{2+}-tpy 更稳定，在添加 $AE+D_2+Zn(OTf)_2$ 到 $AB+D_2+Zn(OTf)_2$ 溶液后，由 $AB+D_2+Zn(OTf)_2$ 形成的超分子聚合物 SP1 体系被破坏，同时形成新的超分子聚合物 SP2。从 TEM 图像中观察两种超分子聚合物均为球形形态，并且超分子聚合物 SP2 的尺寸（180~330nm，见图 7.21(c)）大于超分子聚合物 SP1 的尺寸（120~230nm，见图 7.21(b)）。

7.4   超分子聚合物的刺激响应行为

由于非共价键具有可逆性，推测所构建的超分子聚合物可能对外在刺激表现出响应性行为。由于苯并-21-冠-7 与 K^+ 的络合作用强于苯并-21-冠-7 与二级铵盐的络合作用，推测超分子聚合物 SP1 和 SP2 可能表现出 K^+ 响应性。如图 7.22 和图 7.23 所示，当分别添加 1mol/L 的 KPF_6 到 $AB+D_2+Zn(OTf)_2$ 和 $AB+AE+D_2+Zn(OTf)_2$ 的溶液中后，两种溶液的复杂氢谱都变得相对简单，表明 SP1 和 SP2

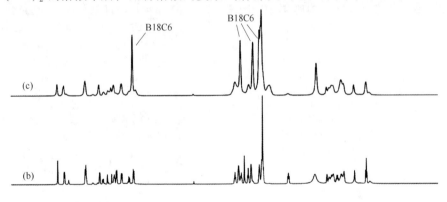

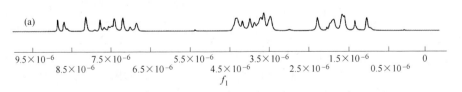

图 7.22   氢谱图

(a) $AB+D_2+Zn(OTf)_2$；(b) 加入 1mol/L 的 KPF_6；

(c) 加入 1.2mol/L 的 B18C6 的氢谱［400MHz，V(氘代氯仿)：V(氘代乙腈)= 3：1, 298K, 50mmol/L］

均发生解组装并形成了低聚物。当将 1mol/L 的苯并-18-冠-6（B18C6）分别添加到上述两种溶液中后，由于 B18C6 与 K^+ 的络合能力比 B21C7 与 K^+ 的络合能力强，使得 K^+ 从苯并-21-冠-7 的冠醚环中释放出来并进入苯并-18-冠-6 的冠醚环中，而释放出来的苯并-21-冠7 能与二级铵盐重新络合，因此再次观察到了复杂的氢谱图（见图 7.22(c) 和图 7.23(c)），表明超分子聚合物 SP1 和 SP2 的重新形成。以上实验证明向超分子聚合物 SP1 和 SP2 中添加或移除 K^+ 可实现超分子聚合物的可逆解组装-重组装。

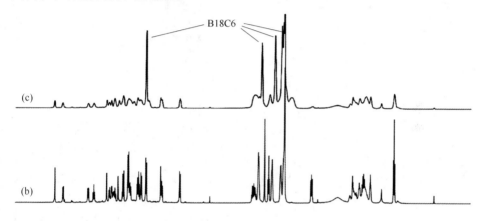

图 7.23 氢谱图

（a）AB+AE+D_2+Zn(OTf)$_2$；（b）AB+AE+D_2+Zn(OTf)$_2$ 加入 1mol/L 的 KPF$_6$；

（c）AB+AE+D_2+Zn(OTf)$_2$+KPF$_6$，再加入 1.2mol/L 的 B18C6 的氢谱 [400MHz，

V(氘代氯仿)：V(氘代乙腈)=3：1，298K，50mmol/L]

接下来，研究了两种超分子聚合物的荧光响应行为。图 7.8 显示在氘代氯仿与氘代乙腈（体积比为 3：1）的溶液中，AB+D_2 的紫外可见吸收光谱最大吸收带出现在 286nm 处，当将 0.5mol/L 的 Zn(OTf)$_2$ 添加到 AB+D_2 溶液中时，吸收带红移至 342nm。在荧光发射光谱测试中，当采用 342nm 波长光为激发波长时，观察到 AB+D_2 在加入锌离子后最大发射带从 383nm 红移到 452nm（见图 7.24）。AB+D_2+Zn(OTf)$_2$ 溶液在 365nm 紫外灯照射下表现出蓝色的荧光发射。当将 AE+

D$_2$+Zn(OTf)$_2$ 添加到 AB+D$_2$+Zn(OTf)$_2$ 溶液中后，溶液的荧光强度发生急剧下降，并且溶液在紫外光照射下由原来的蓝色荧光发射转变为淡黄色荧光发射。这种现象可以合理地解释：当 SP1 转化为 SP2 时，原始的 tpy-Zn^{2+}-tpy 金属配位结构转变为新的 tpy-Zn^{2+}-tey 金属配位结构，tey 上的蒽基与 tpy 上的三联吡啶基能形成三明治式的夹心结构，这种夹心结构产生了 π-π 堆积效应，这种效应促进了非辐射跃迁的产生，从而导致了荧光发射的衰减。

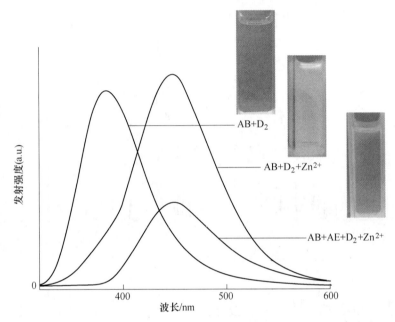

图 7.24   在氘代氯仿与氘代乙腈（体积比为 3 : 1）中，AB+D$_2$、AB+D$_2$+Zn(OTf)$_2$ 和
AB+AE+D$_2$+Zn(OTf)$_2$ 溶液的荧光发射光谱

　　由于锌离子可以与碱形成无机氢氧化锌[17]，可推测超分子聚合物 SP1 和 SP2 对碱也可能表现出刺激响应性。将两种超分子聚合物溶液分别均匀涂布在玻璃片上并于空气中干燥后，得到了两种不同的薄膜。如图 7.25（a）所示，由 SP1 溶液制备的薄膜在 365nm 紫外线照射下呈现出蓝色的荧光发射。当向薄膜中添加四丁基氢氧化铵（TBAOH）后，观察到薄膜在紫外光照射下的荧光发射被淬灭。这是由于向薄膜加入 TBAOH 后，SP1 骨架中的 Zn^{2+} 由于形成了无机的氢氧化锌导致 tpy-Zn^{2+}-tpy 配位结构被破坏，而使 SP1 体系发生解组装。相比之下，由 SP2 溶液制备的黄色薄膜在紫外灯的照射下几乎没有荧光发射，但当将 TBAOH 添加到黄色薄膜中后产生了蓝色的荧光发射（见图 7.25（b））。这种现象可以合理地解释：当向薄膜中加入 TBAOH 后，SP2 骨架中的 Zn^{2+} 被去除，从而诱导了 tpy-Zn^{2+}-tey 金属配位结构的分解，配位结构的分解使原先配位的 tey 基团成为未

配位的 tey 基团，而未配位的 tey 基团由于含有两个蒽基发射团，蒽取代基在紫外灯照射下产生了蓝色的荧光发射。类似地，将 TBAOH 分别添加到 SP1 或 SP2 溶液中时，可以观察到 SP1 荧光猝灭和 SP2 荧光发射增强的现象。这些现象表明 SP1 和 SP2 具有碱（TBAOH）刺激响应行为。

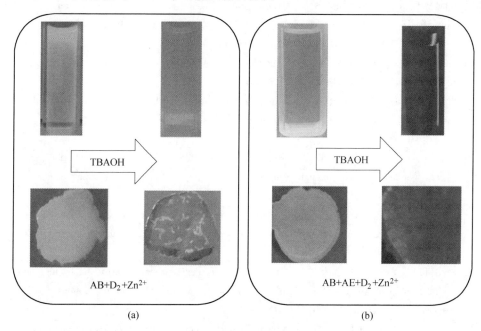

图 7.25 荧光发射图

（a）在紫外线灯照射下添加 TBAOH 后 SP1 的薄膜和溶液的荧光变化；

（b）在紫外线灯照射下添加 TBAOH 后 SP2 的薄膜和溶液的荧光变化

参 考 文 献

[1] Ogoshi T, Kotera D, Nishida S, et al. Cover feature: spacer length-independent shuttling of the pillar [5] arene ring in neutral [2] rotaxanes [J]. Chemistry-A European Journal, 2018, 51: 1656-1666.

[2] Goor O J G M, Hendrikse S I S, Dankers P Y W, et al. From supramolecular polymers to multi-component biomaterials [J]. Chemical Society Reviews, 2017, 46(21): 6621-6637.

[3] Wang H, Ji X, Li Z, et al. Fluorescent supramolecular polymeric materials [J]. Advanced Materials, 2017, 29(14): 1606117.

[4] Chang Y, Jiao Y, Symons H E, et al. Molecular engineering of polymeric supra-amphiphiles [J]. Chemical Society Reviews, 2019, 48(4): 989-1003.

[5] Wu H, Chen Y, Dai X, et al. In situ photoconversion of multicolor luminescence and pure white

light emission based on carbon dot-supported supramolecular assembly [J]. Journal of the American Chemical Society, 2019, 141(16): 6583-6591.

[6] Li C, Han K, Jian L, et al. Supramolecular polymers based on efficient pillar [5] arene——neutral guest motifs [J]. Chemistry A European Journal. 2013, 19(36): 11892-11897.

[7] Saha M L, De S, Pramanik S, et al. Orthogonality in discrete self-assembly—— survey of current concepts [J]. Chemical Society Reviews, 2013, 42(16): 6860-6909.

[8] Nadamoto K, Maruyama K, Fujii N, et al. Supramolecular copolymerization by sequence reorganization of a supramolecular homopolymer [J]. Angewandte Chemie International Edition, 2018, 57(24): 7028-7033.

[9] Yan X, Xu D, Chi X, et al. A multiresponsive, shape-persistent, and elastic supramolecular polymer network gel constructed by orthogonal self-assembly [J]. Advanced Materials, 2012, 24(3): 362-369.

[10] Li H, Fan X D, Min X, et al. Controlled supramolecular architecture transformation from homopolymer to copolymer through competitive self-sorting method [J]. Macromolecular Rapid Communications, 2017, 38(5).

[11] Hu X Y, Wu X, Wang S, et al. Pillar [5] arene-based supramolecular polypseudorotaxane polymer networks constructed by orthogonal self-assembly [J]. Polymer Chemistry, 2013, 4(16): 4292-4297.

[12] Wei P F, Yan X Z, Cook T R, et al. Supramolecular copolymer constructed by hierarchical self-assembly of orthogonal host-guest, H-bonding, and coordination interactions [J]. Acs Macro Letters, 2016, 5(6): 671-675.

[13] Li S L, Xiao T X, Lin C, et al. Advanced supramolecular polymers constructed by orthogonal self-assembly [J]. Chemical society reviews, 2012, 41(18): 5950-5968.

[14] Zhang C J, Li S J, Zhang J J, et al. Benzo-21-crown-7/secondary dialkylammonium salt [2] pseudorotaxane- and [2] rotaxane-type threaded structures [J]. Organic Letters, 2007, 9(26): 5553-5556.

[15] He Y J, Tu T H, Su M K, et al. Facile construction of metallo-supramolecular poly(3-hexylthiophene)-block-poly(ethylene oxide) diblock copolymers via complementary coordination and their self-assembled nanostructures [J]. Journal of the American Chemical Society, 2017, 139(11): 4218-4224.

[16] Chen P K, Li Q C, Grindy S, et al. White-light-emitting lanthanide metallogels with tunable luminescence and reversible stimuli-responsive properties [J]. Journal of the American Chemical Society, 2015, 137(36): 11590-11593.

[17] Shi B B, Jie K H, Zhou Y J, et al. Formation of fluorescent supramolecular polymeric assemblies via orthogonal pillar [5] arene-based molecular recognition and metal ion coordination [J]. Chemical Communications, 2015, 51(21): 4503-4506.

8 基于多种非共价作用的自分类组装构建结构可控的超分子共聚物

8.1 概述

随着超分子科学的发展，人们探究了各种制备复杂超分子结构的方法。在这些方法中，自分类组装是一种重要的方法[1-4]。自分类的提出是用来描述分子在混合物中选择性地找到对应分子并形成特定配对的能力而不是随机地结合[5-8]。自分类是通过所有可能配对的络合常数竞争识别行为的结果。许多因素包括空间效应、配位作用、电荷转移、基团大小和形状能驱动自分类组装[9-11]。通过自分类组装可以方便地构建各种各样的精细超分子结构，包括超分子聚合物[12]。例如 Wang 和 Han 利用双冠醚的主客体反应的自分类组装构筑了一种超分子共聚物[13]。另外，Hirao 等人通过杯［5］芳烃-富勒烯、双卟啉-三硝基芴酮和 Hamilton 氢键的自分类组装制备了超分子共聚物[14]，这为构建具有特定序列的高级功能聚合物提供了可能性。

金属配位作为一种方向性强的超分子作用力，已被广泛用于构建精确定义的超分子结构[14-16]。詹益慈等人发现三联吡啶（tpy）与其衍生物 9-蒽三联吡啶（tey）在金属离子存在下可形成金属离子配体对（tpy-M-tey）[17]。另一方面，主客体相互作用作为另一类超分子作用力，是超分子化学的重要研究分支。大环主体如冠醚和柱芳烃能有效地与客体分子络合来构建超分子聚合物，并为这些超分子聚合物带来了独特的物理和化学性质[18-23]。尽管金属配位、冠醚和柱芳烃的主客体识别已被用来制备各种各样的超分子聚合物，但是联合冠醚和柱芳烃的主客体识别反应和金属配位来构建超分子聚合物的研究还未见报道。基于此，本章作者及其团队详细研究了柱［5］芳烃与中性客体（P5-TPN）、冠醚与二级胺盐（B21C7-SEA）和 tpy-Zn^{2+}-tey3 种不同的非共价相互作用在溶液中的自分类组装行为，并利用这 3 种非共价键构筑了一种新型的线性超分子聚合物。本章对该内容进行介绍，首先设计合成了 4 种不同的单体 M1、M2、M3 和 M4(见图 8.1)；接着研究了这 4 种单体在溶液中的自分类组装行为并构筑了超分子共聚物 SCP，在此基础上阐述了超分子共聚物；SCP 的刺激响应行为和荧光调控。

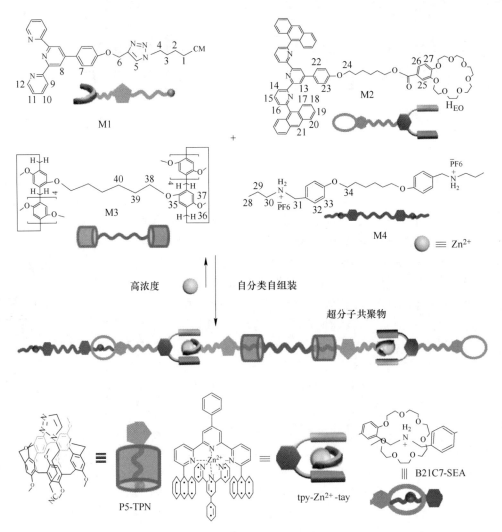

图 8.1　基于 M1+M2+M3+M4+Zn²⁺ 自分类组装构建超分子共聚物的示意图

8.2　单体的合成与表征

　　单体及中间体合成路线如图 8.2 所示，所有合成的新化合物都通过氢谱、碳谱、高分辨率质谱得到表征。

　　化合物 7、8、M4 的合成方法参照第 7 章。单体 M2 是由化合物 7 和化合物 8 在碳酸铯的作用下发生取代反应制备的。

　　单体 M3 通过化合物 9 与 1，6-二溴己烷在碳酸铯作用下发生取代反应制备。

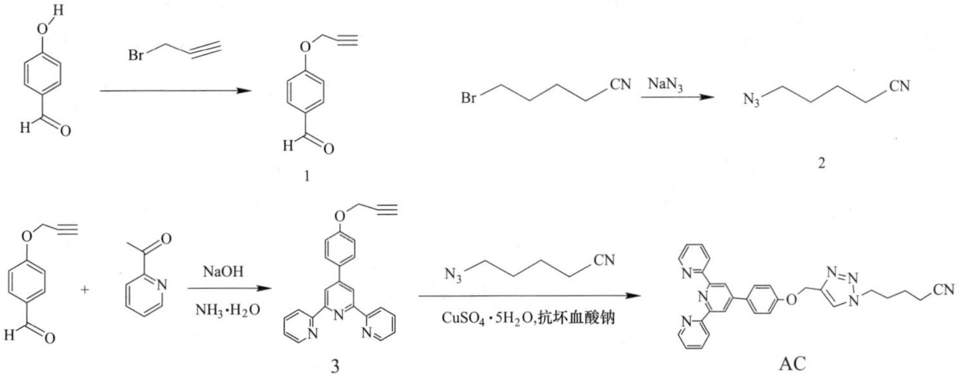

图 8.2 单体 M1、M2、M3 和 M4 的合成路线

8.2.1 单体 M1 的合成[24]

在 100mL 四氢呋喃和水（体积比为 10∶1）的混合溶液中，加入化合物 3（1.00g，2.75mmol）、化合物 2（0.34g，2.75mmol）、$CuSO_4 \cdot 5H_2O$（20mg，0.8mmol）和抗坏血酸钠（39.6mg，2mmol），并在 50℃下反应 12h。将反应瓶中的液体冷却，在减压条件下旋去溶剂，得到粗产物。粗产物用乙醇重结晶，得到 0.94g 白色固体 M1，产率为 71%。M1 的氢谱如下所示。

^{1}H NMR（400MHz，CDCl$_3$，298K）：δ（10^{-6}）= 8.72（m，4H），7.89（m，4H），7.67（s，1H），7.28（m，2H），7.13（m，2H），5.33（s，2H），4.47（t，J = 6.8Hz，2H），2.43（t，J = 7.2Hz，2H），2.15（m，2H），1.72（m，2H）.

8.2.2 单体 M2 的合成

在 250mL 圆底烧瓶中，加入化合物 7（4.00g，5.9mmol）、Cs_2CO_3（5.82g，18mmol）、化合物 8（3.32g，5.9mmol）、50mLDMF 溶剂。将反应体系的温度设定为 80℃，继续反应 14h。在砂芯漏斗中过滤反应混合物，收集滤液，在减压条件下旋去溶剂，得到白色残渣。将白色残渣在分液漏斗中用水和二氯甲烷（体积比为 1∶2）进行萃取，水层再用二氯甲烷洗涤一次，收集二氯甲烷层溶液经无水硫酸钠干燥 1h 后，减压条件下旋去溶剂，得到粗产物。湿法上样将粗产品添加至用二氯甲烷溶解的硅胶层析柱中进行纯化（二氯甲烷与甲醇体积比为 70∶1），得到白色固体化合物 M2（4.10g，产率为 60%）。M2 的氢谱、碳谱、质谱如下所示。

^{1}H NMR（400MHz，CDCl$_3$）：δ（10^{-6}）= 8.95（d，J = 10.4Hz，2H），8.68（s，2H），8.59（s，2H），8.16（t，J = 10.2Hz，2H），8.09（d，J = 11.2Hz，4H），7.77（d，J = 11.6Hz，4H），7.58～7.64（m，5H），7.47～7.53（m，5H），7.36～7.43（m，4H），

6.84(d, J = 11.2Hz,1H),6.75(d, J = 11.6Hz,2H),4.26(t, J = 8.6Hz,2H),4.16～4.21(m,4H),3.89～3.97(m,4H),3.85(t, J = 8.8Hz,2H),3.76～3.83(m,4H),3.70～3.75(m,4H),3.62～3.69(m,8H),1.72～1.79(m,4H),1.41～1.47(m,4H).

^{13}C NMR(100MHz,CDCl$_3$)：δ(10^{-6}) = 166.5,159.9,157.7,156.6,155.9,152.9,150.1,148.4,137.2,135.6,131.6,130.3,128.6,127.6,126.4,125.9,125.3,123.9,123.3,120.2,119.1,114.7,112.3,71.4,71.3,71.1,71.0,70.7,69.8,69.6,69.4,69.2,67.9,64.9,29.1,28.8,25.9,25.8.

MALDI-TOF-MS：m/z calcd for [M]$^+$ = 1159.4983,found = 1159.4958,error = 2.1×10^{-6}.

8.2.3　单体 M3 的合成

将化合物 9（2.00g，2.7mmol）、1.6-二溴己烷（0.33g，1.35mmol）、Cs$_2$CO$_3$（2.64g，8.1mmol）置于反应瓶中，加入 120mLDMF，升温到 75℃并搅拌 14h。将反应瓶中的液体冷却，减压条件下旋去溶剂，将反应液在分液漏斗中用水和二氯甲烷（体积比为 1:1）进行萃取，收集二氯甲烷层溶液，经无水硫酸钠干燥 1h 后，减压条件下旋去溶剂，得到粗产物。湿法上样将粗产品添加至用二氯甲烷溶解的硅胶层析柱中进行纯化（洗脱剂为二氯甲烷），得到白色固体化合物 M3（1.25g，产率为 58%）。M3 的氢谱、碳谱、质谱如下所示。

^{1}H NMR(400MHz,CDCl$_3$,298K)：δ(10^{-6}) = 6.79～6.73(m,20H),3.87(t, J = 6.8Hz,4H),3.72～3.79(m,20H),3.61～3.69(m,54H),1.82～1.87(m,4H),1.60～1.66(m,4H).

^{13}C NMR(100MHz,CDCl$_3$)：δ(10^{-6}) = 150.9,150.8,128.3,128.2,115.1,114.2,114.1,68.5,55.9,30.0,29.4,26.4.

HR-ESI-MS：m/z calcd for [M]$^+$ = 1555.7311,found = 1555.7302,error = 6×10^{-7}.

8.3　超分子聚合物的构筑与表征

为研究单体 M1+M2+M3+M4 和 Zn(OTf)$_2$ 在溶液中能否通过自分类组装的策略形成超分子聚合物，合成了 6 个模型化合物 1~6（见图 8.3）。首先，将 6 个模型化合物的每两个样品溶解于氘代氯仿与氘代丙酮（体积比为 3:1）的混合溶剂中，通过核磁共振氢谱测试得到其氢谱。如图 8.4 所示，当将等摩尔的模型化合物 1、2 和 Zn(OTf)$_2$ 溶解在氘代氯仿与氘代丙酮的混合溶液后，其氢谱的质子信号峰化学位移产生了明显的变化，说明 tpy 和 tey 与 Zn^{2+} 可以发生络合反应形成 tpy-Zn^{2+}-tey 金属配位结构[17]。图 8.5 为等摩尔的模型化合物 3 和 4 在氘代氯仿与氘代丙酮溶剂中混合得到的氢谱，混合后质子化学位移的变化表明柱[5]芳烃芳烃（P5）与中性客体（TPN）能发生络合反应。图 8.6 的 ¹H NMR 谱揭示了苯并-21-冠-7 和二级铵盐之间的主客体反应是一个慢的交换反应[25]。从图 8.7 氢谱图可以看出在氘代氯仿与氘代丙酮混合溶剂中柱[5]芳烃不能与二级铵盐络合（见图 8.7），苯并-21-冠-7 也不能与 TPN 发生络合（见图 8.8）。接下来，制备了一系列包含两种不同非共价作用的样品。从图 8.9~图 8.11 的氢谱可以观察到 P5-TPN 和 tpy-Zn²⁺-tey 之间，B21C7-SEA 和 tpy-Zn²⁺-tey 之间，以及 B21C7-SEA 和 P5-TPN 之间都发生了自分类络合。最后，将等摩尔的模型化合物 1~6 和 Zn(OTf)₂ 溶于氘代氯仿与氘代丙酮的混合溶液（体积比为 3∶1）中，其氢谱证明模型化合物 1~4 在氘代氯仿与氘代丙酮混合溶剂中能发生自分类络合（见图 8.12）。

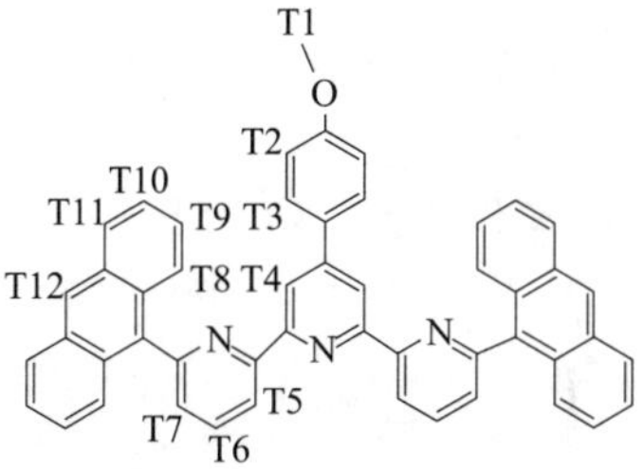

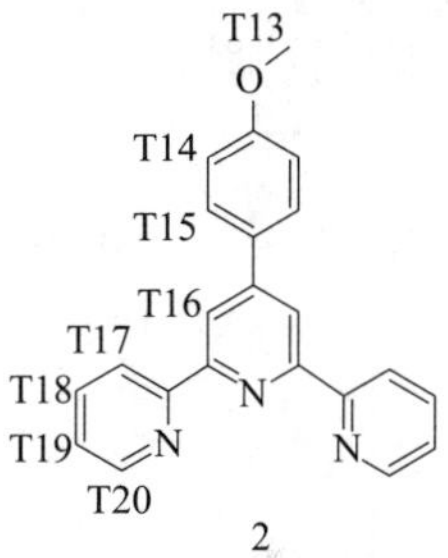

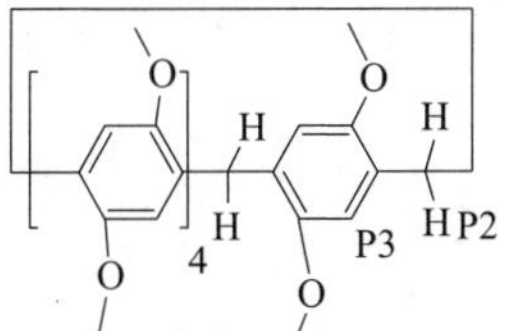

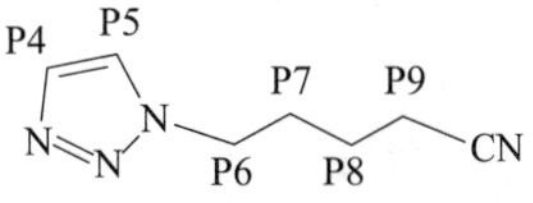

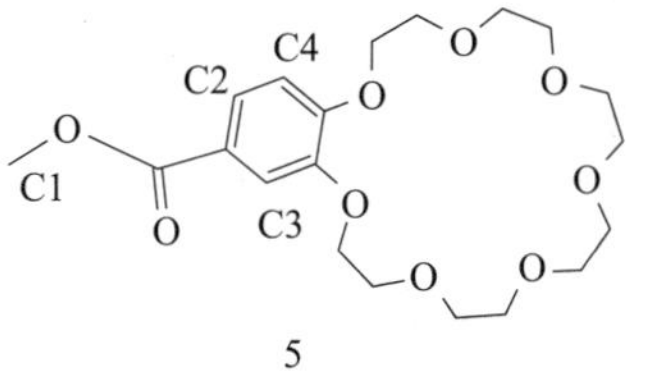

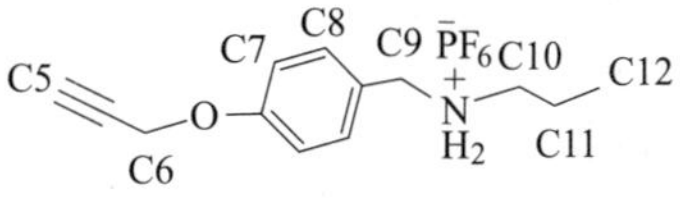

图 8.3 模型化合物 1~6 的化学结构

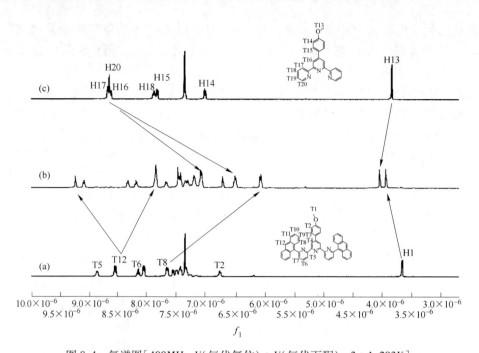

图 8.4　氢谱图［400MHz，V(氘代氯仿)∶V(氘代丙酮)= 3∶1,293K］

（a）模型化合物 1；（b）等摩尔的模型化合物 1+2+Zn(OTf)₂ 溶液；（c）模型化合物 2

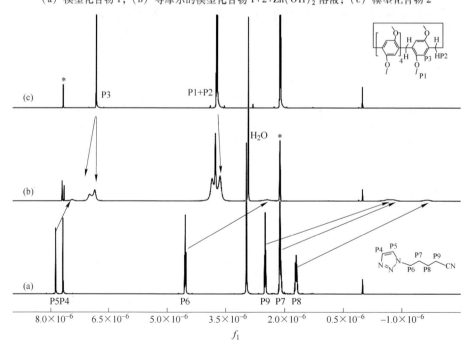

图 8.5　氢谱图 ［400MHz，V(氘代氯仿)∶V(氘代丙酮)= 3∶1, 293K］

（a）模型化合物 4；（b）等摩尔的模型化合物 3+4 溶液；（c）模型化合物 3

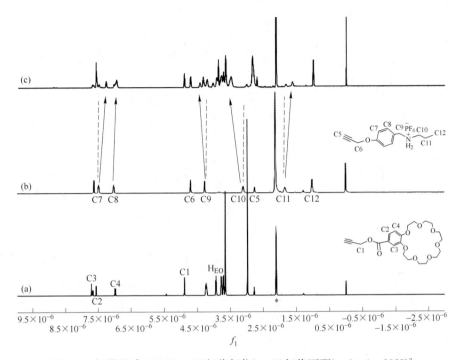

图 8.6 氢谱图 ［400MHz，V(氘代氯仿)∶V(氘代丙酮)= 3∶1，293K］

（a）模型化合物 5；（b）模型化合物 6；（c）等摩尔的模型化合物 5+6 的等摩尔溶液

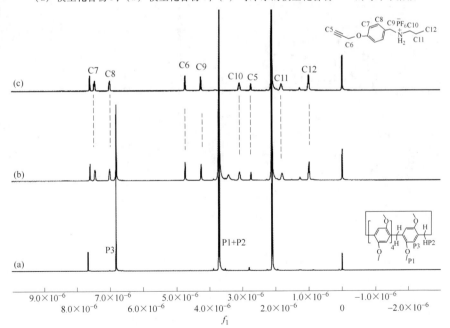

图 8.7 氢谱图 ［400MHz，V(氘代氯仿)∶V(氘代丙酮)= 3∶1，293K］

（a）模型化合物 3；（b）等摩尔的模型化合物 3+6 溶液；（c）模型化合物 6

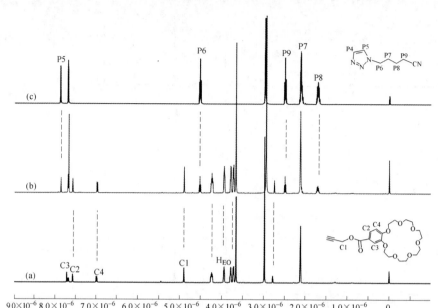

图 8.8 氢谱图 ［400MHz, V(氘代氯仿)∶V(氘代丙酮)= 3∶1, 293K］
（a）模型化合物 5；（b）等摩尔的模型化合物 4+5 溶液；（c）模型化合物 4

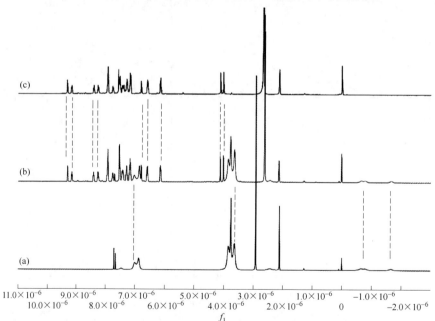

图 8.9 氢谱图 ［400MHz, V(氘代氯仿)∶V(氘代丙酮)= 3∶1, 293K］
（a）模型化合物 3+4；（b）模型化合物 1+2+Zn(OTf)$_2$+3+4；（c）模型化合物 1+2+Zn(OTf)$_2$

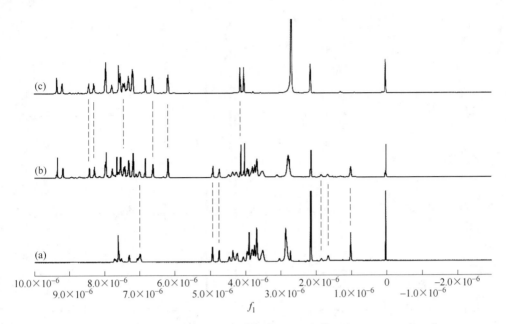

图 8.10　氢谱图［400MHz，V(氘代氯仿)∶V(氘代丙酮)＝3∶1，293K］
（a）模型化合物 5+6；（b）模型化合物 1+2+Zn(OTf)₂+5+6；（c）模型化合物 1+2+Zn(OTf)₂

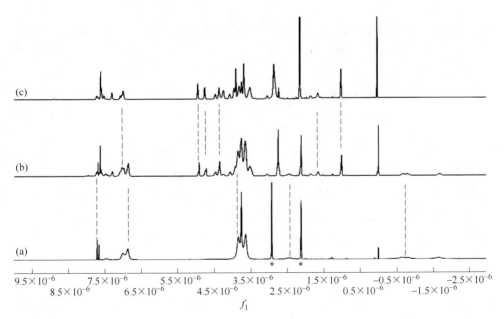

图 8.11　氢谱图［400MHz，V(氘代氯仿)∶V(氘代丙酮)＝3∶1，293K］
（a）模型化合物 3+4；（b）模型化合物 3+4+5+6；（c）模型化合物 5+6

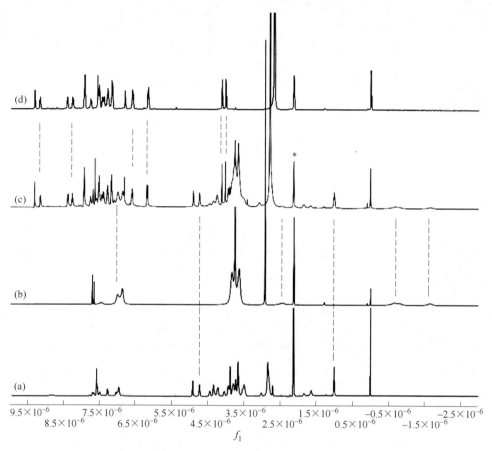

图 8.12 氢谱图 [400MHz, V(氘代氯仿)∶V(氘代丙酮)= 3∶1, 293K]
(a) 模型化合物 5+6；(b) 模型化合物 3+4；(c) 模型化合物 1+2+3+4+5+6+Zn(OTf)$_2$；
(d) 模型化合物 1+2+Zn(OTf)$_2$

  在确定模型化合物能在氘代氯仿与氘代丙酮的混合溶液（体积比为 3∶1）中发生自分类络合后，将单体 M1、M2、M3、M4 与 Zn(OTf)$_2$ 溶于氘代氯仿与氘代丙酮混合溶剂中并研究了它们是否能像模型化合物一样通过自分类组装成超分子共聚物。图 8.13 显示了单体 M1+M2+M3+M4+Zn(OTf)$_2$ 在氘代氯仿与氘代丙酮中混合后能形成复杂的氢谱。通过对比模型化合物的氢谱和 M1+M2+M3+M4+Zn(OTf)$_2$ 的二维 COSY 谱（见图 8.14），这些复杂的氢谱信号被精确归属。如图 8.13 所示，将单体混合后，发现低浓度下 M1 上的质子 H_{1-4} 的化学位移向高场移动，表明 M1 的烷基基团穿进了 M3 上的柱 [5] 芳烃空腔中[23]。同时，M4 的质子 H_{32} 的化学位移向高场移动，以及质子 H_{30} 的化学位移向低场移动，表明 B21C7-SEA 间能发生主客体反应。此外，M1 上的质子 $H_{8,9}$ 的化学位移被观察到向高场移动，而质子 $H_{13\sim15}$ 的化学位移向低场移动，表明 tpy-Zn^{2+}-tey 金属配位结构的形成。观察到以上这些质子化学位移的变化与在模型化合物中观察到质子化学位移变化类似，表明 M1+M2+M3+M4+Zn(OTf)$_2$ 在氘代氯仿与氘代丙酮的混合溶液中能发生自分类组装。二维 NOESY 谱进一步证明 M1+M2+M3+M4+Zn (OTf)$_2$ 可通过自分类组装成超分子聚合物。如图 8.15 所示，M1 上的 $H_{1\sim4}$ 和 M3 上的 $H_{35\sim37}$ 之间的强相关性表明 M1 上的 TPN 基团穿进了 M3 上的柱［5］芳烃空腔中。同时，M4 上的 H_{30}、H_{32} 和 M2 的 H_{EO} 之间的相关性也被观察到，表明 M2 的 B21C7 基团与 M4 的 SEA 基团在混合溶剂中存在主客体相互作用。图 8.16 为 M1+M2+M3+M4+Zn(OTf)$_2$ 在不同浓度下的氢谱，随着单体浓度的增加其氢谱峰也加宽，证明了 4 种单体在高浓度下可形成超分子共聚物 SCP。

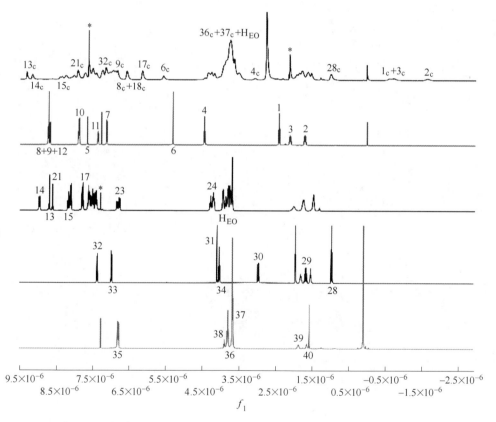

图 8.13 氢谱图 ［400MHz，V(氘代氯仿)：V(氘代丙酮)＝3：1，293K］

（a）M3；（b）M4；（c）M2；（d）M1；（e）M1+M2+M3+M4+Zn(OTf)$_2$ 为 10mmol/L

浓度的混合物（摩尔比为 M1：M2：M3：M4：Zn(OTf)$_2$＝2：2：1：1：2）

（络合单体的信号峰指定为 c）

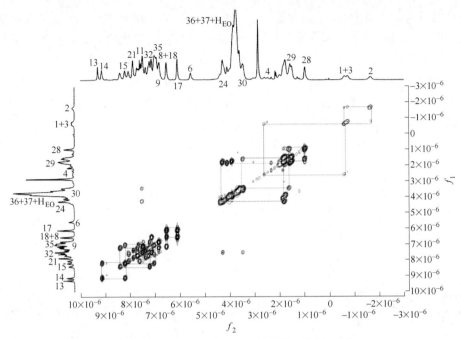

图 8.14 M1+M2+M3+M4+Zn(OTf)₂ 的 COSY 谱

[400MHz，V(氘代氯仿)∶V(氘代丙酮)= 3∶1，293K，30mmol/L]

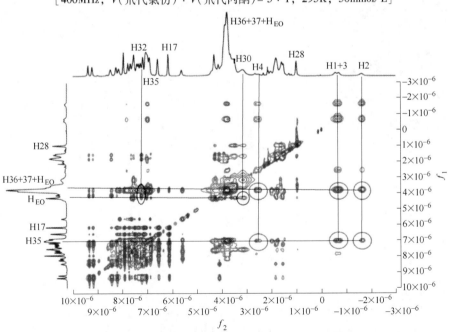

图 8.15 M1+M2+M3+M4+Zn(OTf)₂ 的 NOESY 谱

[400MHz，V(氘代氯仿)∶V(氘代丙酮)= 3∶1，298K]

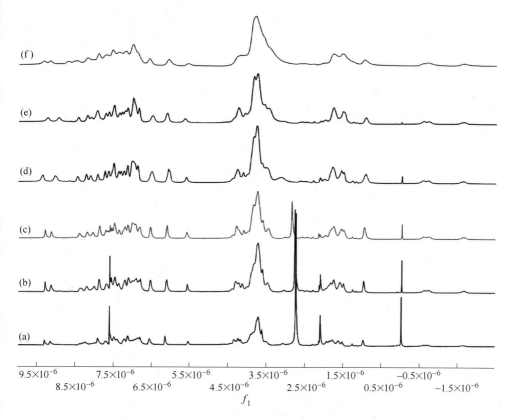

图 8.16 M1+M2+M3+M4+Zn(OTf)₂ 在不同浓度下的氢谱图

[400MHz, V(氘代氯仿):V(氘代丙酮)=3:1, 298K]

（a）4mmol/L；（b）8mmol/L；（c）20mmol/L；（d）50mmol/L；（e）90mmol/L；（f）260mmol/L

    紫外可见吸收光谱被进一步用来研究单体间的自分类组装。当用 $Zn(OTf)_2$ 滴定 M1+M2 溶液时（见图 8.17(a)），其紫外可见吸收光谱揭示在 311nm 处产生了等吸收点，表明未配位的 tpy 和 tey 基团和金属离子配位并逐渐转变为 tpy-Zn^{2+}-tey 金属配位结构[22]。当 Zn^{2+}:M1:M2 摩尔比达到 1:1:1 时，在 346nm 处存在最大吸收带，进一步证实了 tpy-Zn^{2+}-tey 金属配位结构的形成。M1+M2+M3+Zn(OTf)₂ 的滴定曲线与 M1+M2+Zn(OTf)₂ 的滴定曲线相似（见图 8.17(b)），当 M1:M2:M3:M4:Zn(OTf) 的摩尔比为 2:2:2:1:1 时达到滴定终点，证明 B21C7-SEA 和 P5-TPN 主客体反应不会对 tpy-Zn^{2+}-tey 金属配位产生干扰作用。上述紫外可见吸收光谱滴定实验进一步验证了 4 种单体之间的自分类组装行为。

    接着进行了二维 DOSY 谱分析，DOSY 谱技术已被广泛应用于表征超分子聚合物。如图 8.18(a) 和图 8.19 所示，当单体 M1 浓度从 2mmol/L 增加到

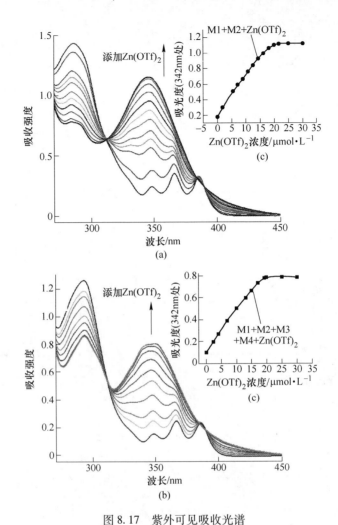

图 8.17 紫外可见吸收光谱

(a) 将 Zn(OTf)$_2$ 逐渐添加到 0.02mmol/L 的 M1+M2 溶液；(b) 将 Zn(OTf)$_2$ 逐渐添加到
0.02mmol/L 的 M1+M2+M3+M4 溶液；(c) 342nm 处溶液中 Zn(OTf)$_2$ 浓度与吸光度关系图

130mmol/L 时，M1+M2+M3+M4+Zn(OTf)$_2$ 溶液的扩散系数 (D) 从 $5.56×10^{-10}$
显著降低到 $4.21×10^{-11} m^2/S$ ($D_{2.0mmol/L}/D_{130.0mmol/L}=13$)，表明 M1+M2+M3+M4+
Zn(OTf)$_2$ 形成的超分子聚合物的聚合度大小取决于单体浓度大小。根据文献可
知，要证明单体通过自组装形成聚合度高的超分子聚合物，其扩散系数往往要衰
减 10 倍以上。实验扩散系数 D 值衰减了 13 倍，证明随着单体浓度的增加，超分
子低聚物逐步转化为超分子聚合物[26-27]。为了进一步研究 M1+M2+M3+M4+
Zn(OTf)$_2$ 在溶液中的自分类组装，采用毛细管乌氏黏度计对 M1+M2+M3+M4+
Zn(OTf)$_2$ 的增比黏度进行了测量。在低浓度下增比黏度与单体浓度的双对数曲

线的斜率为 0.93，当单体的浓度增加到临界聚合浓度值以上时（临界聚合浓度值约为 28mmol/L），曲线斜率变为 1.75，表明在相对高的浓度下，超分子共聚物的聚合度增加。在高浓度下，M1+M2+M3+M4+Zn(OTf)$_2$ 能形成高分子量的超分子共聚物的另一个重要的证据来自于 SEM。从图 8.18(c) 中观察到一根杆状的纤维能直接从高浓度的 M1+M2+M3+M4+Zn(OTf)$_2$ 溶液中抽出，这证明了在高浓度下超分子共聚物的形成。

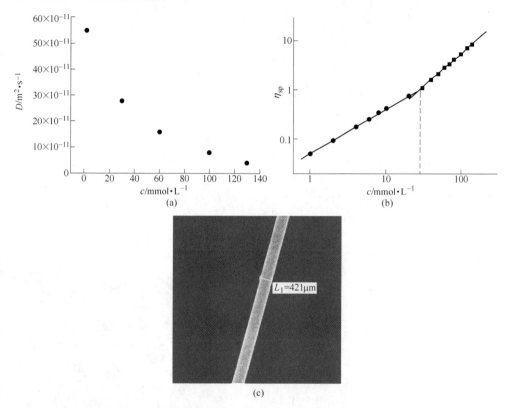

图 8.18 扩散系数、增比黏度及扫描电镜图
（a）相对于 M1 的浓度（600MHz，293K），M1+M2+M3+M4+Zn(OTf)$_2$ 的扩散系数；
（b）相对于 M1 的浓度，M1+M2+M3+M4+Zn(OTf)$_2$ 的增比黏度
[摩尔比为 M1∶M2∶M3∶M4∶Zn(OTf)$_2$ = 2∶2∶1∶1∶2]；（c）杆状纤维的扫描电镜图

动态光散射（DLS）被用来进一步表征超分子聚合物的形貌和尺寸。如图 8.20(a) 所示，单体 M1 浓度为 120mmol/L 时，M1+M2+M3+M4+Zn(OTf)$_2$ 在氘代氯仿与氘代丙酮混合溶剂中的平均流体动力学直径（D_h）为 160nm，表明在较高浓度下形成了分子量较大的聚集体。相反，在 10mmol/L 溶液中没有观察到大的聚集体，证明了超分子聚合物存在浓度依赖性。透射电子显微镜照片显示超分子共聚物在固态下主要为球形形态（见图 8.20(b)）。因为单体 M2、M3 和 M4

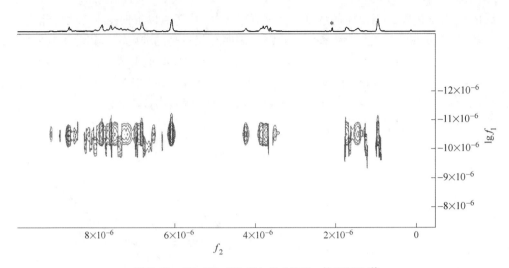

图 8.19 M1+M2+M3+M4+Zn(OTf)₂ 的 DOSY 谱

[600MHz，V(氘代氯仿)：V(氘代丙酮)= 3∶1，293K，M1 的浓度为 130mmol/L]

含有 6 个柔性的亚甲基，M1+M2+M3+M4+Zn(OTf)₂ 形成了具有柔性链特征的超分子聚合物，这种柔性链可以进一步弯曲和缠绕形成球状形态[21]。为了证实透射电镜观察到的球状形态是超分子共聚物，通过在 4 种单体混合物中去除一个单

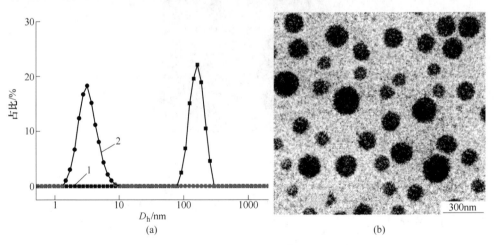

图 8.20 流体动力学直径分布图、透射电镜图

1—120mmol/L；2—10mmol/L

(a) M1+M2+M3+M4+Zn(OTf)₂ 的流体动力学直径分布图 [V(氘代氯仿)：V(氘代丙酮)= 3∶1，M1 = 120mmol/L 或 10mmol/L，摩尔比为 M1∶M2∶M3∶M4∶Zn(OTf)₂ = 2∶2∶1∶1∶2，293K]；

(b) M1+M2+M3+M4+Zn(OTf)₂ 的透射电镜

体进行了对照实验。在 M1+M2+M3+Zn(OTf)$_2$、M2+M3+M4+Zn(OTf)$_2$ 或 M1+M2+M4+Zn(OTf)$_2$ 溶液中都未观察到球形形态。这一现象表明 4 种单体之间的自分类组装是形成超分子聚合物的关键。

8.4 超分子共聚物的刺激响应行为

由于所构筑的超分子聚合物中的非共价键具有动态可逆性，故超分子聚合物可能在外界刺激下会表现出响应性行为。如图 8.21(b) 所示，与超分子聚合物（SCP）的氢谱相比，当添加 1mol/L 的 KPF$_6$ 到 SCP 溶液中后，其氢谱变得相对简单。其原因是加入 K$^+$ 后，原先络合的 H$_{28}$、H$_{30}$ 和 H$_{EO}$ 转化为未络合的 H$_{28uc}$、H$_{30uc}$ 和 H$_{EOuc}$，在氢谱图上显示为尖锐的信号峰，表明加入钾离子后超分子聚合物发生了解组装。需要注意的是，当添加 1mol/L 的 KPF$_6$ 到 SCP 溶液后，H$_{1c-4c}$ 和 H$_{13c-14c}$ 信号峰仍被观察到，这说明加入 K$^+$ 只破坏了 SCP 中 B21C7-SEA 的络合反应，而 P5-TPN 主客体反应和 tpy-Zn^{2+}-tey 金属配位不受影响。继续在上述溶液中加入苯并-18 冠-6（B18C6）后（见图 8.21(c)），氢谱再次变得复杂。其原因是

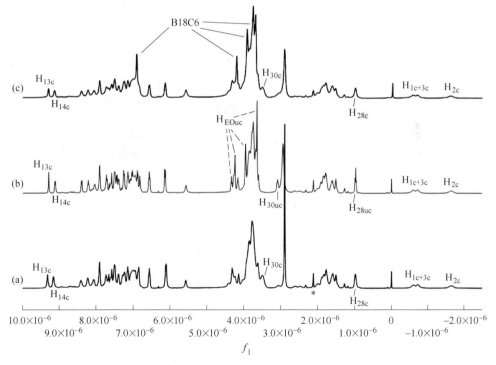

图 8.21 氢谱图 [400MHz, V(氘代氯仿)：V(氘代丙酮)= 3：1, 298K, 浓度为 30mmol/L]

(a) M1+M2+M3+M4+Zn(OTf)$_2$；(b) 在(a) 基础上加入 1mol/L 的 KPF$_6$；

(c) 在(b) 基础上加入 1.1mol/L 的 B18C6(络合质子和未络合质子的信号峰分别指定为 c 和 uc)

K⁺与 B18C6 的络合能力相较于 B21C7 的络合能力更强，使得 K⁺从 B21C7 的冠醚环中释放出来并进入 B18C6 的冠醚环中，而二级铵盐便可穿入 B21C7 的冠醚环中致使超分子聚合物重新形成。以上实验证明添加或去除 K⁺能实现 SCP 的可逆解组装-重组装。

　　此外，黏度测量也为超分子聚合物（SCP）的可逆解组装-重组装提供了重要证据。如图 8.22 所示，当添加 1mol/L 的 K⁺到 SCP 溶液中后，SCP 溶液的增比黏度显著降低，这说明 SCP 发生了解组装。随后，在上述溶液中加入 1.1mol/L 的 B18C6，此时溶液的增比黏度几乎恢复到原始值。这些数据进一步说明添加 K⁺可实现 SCP 的可逆解组装-重组装。

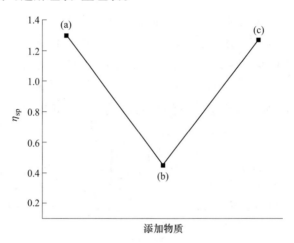

图 8.22　增比黏度 $[V(氘代氯仿)：V(氘代丙酮)=3：1，298K，30mmol/L]$
(a) M1+M2+M3+M4+ Zn(OTf)₂；(b) 在 (a) 基础上加入 1mol/L 的 KPF₆；
(c) 在 (b) 基础上添加 1.1mol/L 的 B18C6

　　在构建的超分子聚合物中除了冠醚-二级铵盐这种非共价作用，还存在柱 [5] 芳烃-中性客体主客体相互作用。当添加 1mol/L 的丁二腈到 M1+M2+M3+ M4Zn(OTf)₂ 的溶液中，原始络合的质子 H₁₋₄ 信号峰消失，而在高场区域观察到新的络合质子 Hₐc 信号峰，其他质子的信号峰未见明显变化，表明柱 [5] 芳烃空腔内的中性客体基团被竞争性客体丁二腈取代，从而诱导超分子聚合物发生解组装并形成低分子量的低聚物（见图 8.23 和图 8.24）。氢谱显示加入丁二腈只破坏了该超分子聚合物中 P5-TPN 的主客体反应，没有影响 B21C7-DAS 和 tpy-Zn²⁺-tey 的络合反应。

　　超分子共聚物中除了 P5-TPN 和 B21C7-DAS 主客体反应具有响应性外，其金属配位反应也可能具有响应性。将超分子聚合物溶液喷射到玻璃表面，在空气中干燥制成了一层黄色薄膜。如图 8.25 所示，该黄色薄膜在 365nm 的紫外灯照射

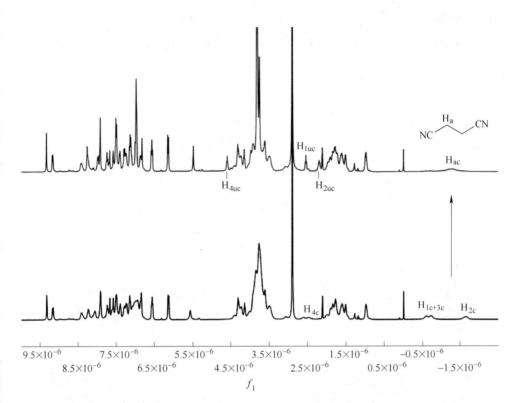

图 8.23　核磁共振氢谱 [400MHz, V(氘代氯仿)∶V(氘代丙酮)= 3∶1, 298K, 浓度为 20mmol/L]
　　　　(a) M1+M2+M3+M4+Zn(OTf)$_2$; (b) 加入 1mol/L 的丁二腈后
　　　　　(络合单体和未络合单体的峰分别用 c 和 uc 表示)

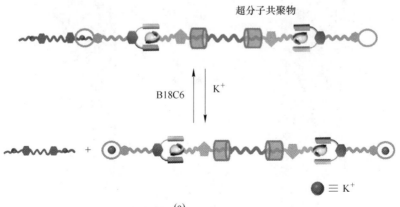

(a)

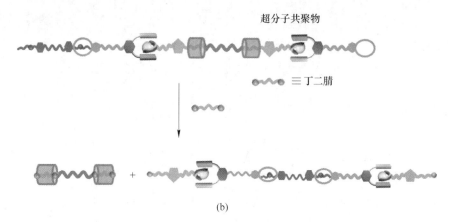

图 8.24 添加/去除 K⁺ 或添加丁二腈的刺激反应图形

(a) 破坏/恢复 B21C7-SEA 相互作用；(b) 破坏 P5-TPN 相互作用

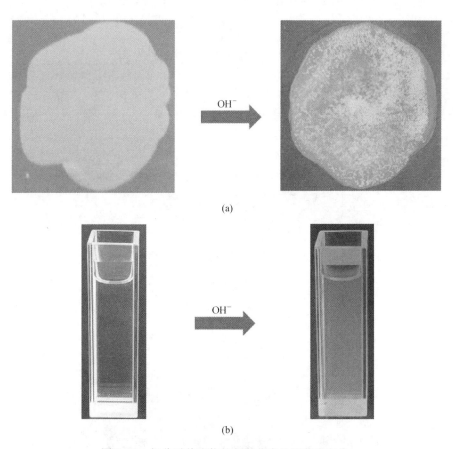

图 8.25 超分子共聚物的刺激响应性和荧光变化

(a) 薄膜图像和薄膜的 TBAOH 响应性；(b) 通过向溶液中添加 TBAOH 引起的荧光变化

下几乎不产生荧光发射。但将四丁基氢氧化铵（TBAOH）加入薄膜中时，原本基本没有荧光发射的薄膜产生了蓝色的荧光发射。这种现象是向薄膜中加入 TBAOH 后，SCP 骨架中的 Zn^{2+} 被去除后，tpy-Zn^{2+}-tey 金属配位发生了解离，导致 SCP 体系发生解组装。tey 基团由配位状态变为游离状态。由于未配位的 tey 上含有蒽基取代基，蒽基取代基在波长为 365nm 的紫外灯激发下能产生蓝色的荧光发射。类似地，当向 SCP 溶液中加入 TBAOH 时，观察到荧光发射增强现象（见图 8.25(b)）。

8.5　络合常数的测定

8.5.1　tpy-Zn^{2+}-tey 的络合常数

为了测定 tpy-Zn^{2+}-tey 的络合常数，根据文献报道的方法进行紫外可见光谱滴定实验[28]。络合常数的测试采用模型化合物 1、2 与 Zn^{2+} 的配位来测定：将模型化合物 1、2 与 Zn^{2+} 溶于氘代氯仿与氘代丙酮的混合溶剂中并制备了一系列不同摩尔配比的溶液，通过改变 Zn^{2+} 与模型化合物 1+2 的比例并保持每个样品中模型化合物 1+2 的摩尔浓度和 Zn^{2+} 摩尔浓度的总和为 2×10^{-5} mol/L。通过在 410nm 处的吸光度与锌离子的摩尔分数的关系绘制工作曲线图，如图 8.26 所示，模型化合物 1、2 和 Zn^{2+} 之间存在 1∶1∶1 的络合比的关系。

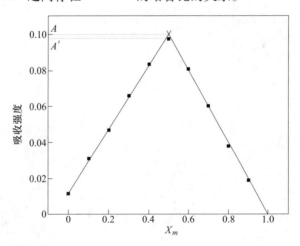

图 8.26　模型化合物 1+2+Zn^{2+} 在 410nm 处的吸光度与锌离子的摩尔分数工作曲线

将数据分成两组，当 $X_m \leqslant 0.5$ 时，曲线的拟合方程为 $A = 0.1776X_m + 0.01311$；当 $X_m \geqslant 0.5$ 时，拟合方程为 $A = -0.20397X_m + 0.20349$。取两条拟合曲线的交点（$X_m = 0.4982$，$A = 0.1023$）为理论值（实验值为 $X_m = 0.5$，$A' = 0.0999$）。配合物［Zn12］$(OTf)_2$ 的解离度可由式（3.1）计算得出。根据式

（3.1），配合物［Zn12］（OTf）$_2$ 的解离度（α）计算为 0.023。

$$\alpha = (A - A')/A \tag{3.1}$$

然后根据式（3.2）计算出结合常数为 8.1×10^{14} L/mol。

$$[Zn12](OTf)_2 \rightleftharpoons 1 + 2 + Zn(OTf)_2$$

| 总浓度： | c | 0 | 0 | 0 |

| 单位浓度： | $c(1-\alpha)$ | $c\alpha$ | $c\alpha$ | $c\alpha$ |

$$K = \frac{[Zn12](OTf)_2}{[1][2][Zn(OTf)_2]} = \frac{c(1-\alpha)}{[c\alpha]^3} \tag{3.2}$$

式中，c 为配合物［Zn12］（OTf）$_2$ 的总浓度；α 为 $X_m = 0.5$ 时配合物 ［Zn12］（OTf）$_2$ 的解离度，当 X_m 为 0.5 时，c 为 1×10^{-5} mol/L，α 为 0.023。

8.5.2　B21C7-SEA 的络合常数

为测定超分子共聚物中苯并 21-冠-7 与二级铵盐的络合常数，选择测定模型化合物 5 和 6 的络合常数来估算苯并 21-冠-7 与二级铵盐的络合常数。根据文献的报道，苯并-21-冠-7 与二级铵盐间的反应是一个慢的交换反应（见图 8.27），可以通过单点方法来计算其络合常数[99]，络合常数计算过程为：

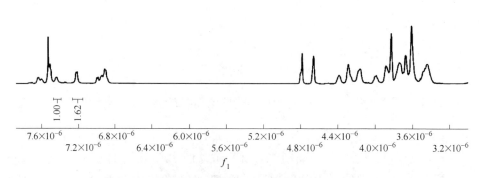

图 8.27　模型化合物 5 和 6 的部分氢谱图［400MHz，
V(氘代氯仿)：V(氘代丙酮)= 3：1，298K，6.00mmol/L］

$$K_{a\left(\frac{[5\cdot6]}{[5][6]}\right)} = \left[\frac{(1.62/2.62) \times 6 \times 10^{-3}}{\left(1 - \dfrac{1.62}{2.62}\right) \times 6 \times 10^{-3}}\right]^2 = (706 \pm 56)\,\text{L/mol}$$

8.5.3　P5-TPN 的络合常数

P5-TPN 主客体反应是慢的交换反应,络合常数参考文献值[24]:在体积比为 3∶1 的氘代氯仿与氘代丙酮混合溶剂中, K 为 $(1.2\pm0.2)\times10^4\,\text{L/mol}$。

参 考 文 献

[1] Saha M L, De S, Pramanik S, et al. Orthogonality in discrete self-assembly-survey of current concepts [J]. Chemical Society Reviews, 2013, 42(16): 6860-6909.

[2] Chen L J, Yang H B. Construction of stimuli-responsive functional materials via hierarchical self-assembly involving coordination interactions [J]. Accounts of Chemical Research, 2018, 51(11): 2699-2710.

[3] Xia D Y, Wang P, Ji X F, et al. Functional supramolecular polymeric networks: the marriage of covalent polymers and macrocycle-based host-guest interactions [J]. Chemical Reviews, 2020, 120(13): 6070-6123.

[4] Wu A X, Isaacs L. Self-sorting: the exception or the rule? [J]. Journal of The American Chemical Society, 2003, 125(16): 4831-4835.

[5] Wang Y M, Lovrak M, Liu Q, et al. Hierarchically compartmentalized supramolecular gels through multilevel self-sorting [J]. Journal of The American Chemical Society, 2019, 141(7): 2847-2851.

[6] Huang Z H, Yang L L, Wang Z Q, et al. Supramolecular polymerization promoted and controlled through self-sorting [J]. Angewandte Chemie International Edition, 2014, 53(21): 5351-5355.

[7] Zhong J K, Zhang L, August D P, et al. Self-sorting assembly of molecular trefoil knots of single handedness [J]. Journal of The American Chemical Society, 2019, 141(36): 14249-14256.

[8] Shi X J, Zhang X D, Ni X L, et al. Supramolecular polymerization with dynamic self-sorting sequence control [J]. Macromolecules, 2019, 52(22): 8814-8825.

[9] Ayme F J, Beves J E, Campbell C J, et al. The self-sorting behavior of circular helicates and molecular knots and links [J]. Angewandte Chemie International Edition, 2014, 53(30): 7823-7827.

[10] Pellizzaro M L, Houton K A, Wilson A J. Sequential and phototriggered supramolecular self-sorting cascades using hydrogen-bonded motifs [J]. Chemical Science, 2013, 4(4): 1825-1829.

[11] Yang Y C, Ni X L, Xu J F, et al. Fabrication of nor-seco-cucurbit[10]uril based supramo-

lecular polymers via self-sorting [J]. Chemical Communications, 2019, 55 (92):
13836-13839.

[12] He Z F, Jiang W, Schalley C A. Integrative self-sorting: a versatile strategy for the
construction of complex supramolecular architecture [J]. Chemical Society Reviews, 2014,
44(3): 779-789.

[13] Wang F, Han C Y, He C L, et al. Self-sorting organization of two heteroditopic monomers to
supramolecular alternating copolymers [J]. Journal of The American Chemical Society, 2008,
130(34): 11254-11255.

[14] Hirao T, Kudo H, Amimoto T, et al. Sequence-controlled supramolecular terpolymerization di-
rected by specific molecular recognitions [J]. Nature Communications, 2017, 8(1): 634.

[15] zhang Q, Tang D, Zhang J J, et al. Self-healing heterometallic supramolecular polymers con-
structed by hierarchical assembly of triply orthogonal interactions with tunable photophysical
properties [J]. Journal of the American Chemical Society, 2019, 141(44): 17909-17917.

[16] Winter A, Schubert U S. Synthesis and characterization of metallo-supramolecular polymers
[J]. Chemical Society Reviews, 2016, 45(19): 5311-5357.

[17] He Y J, Tu T H, Su M K, et al. Facile construction of metallo-supramolecular poly(3-hexyl-
thiophene) -block-poly(ethylene oxide) diblock copolymers via complementary coordination
and their self-assembled nanostructures [J]. Journal of the American Chemical Society, 2017,
139(11): 4218-4224.

[18] Yan X Z, Cook T R, Wang P, et al. Highly emissive platinum(II) metallacages [J]. Nature
Chemistry, 2015, 7(4): 342-348.

[19] Ogoshi T, Yamagishi T A, Nakamoto Y. Cheminform abstract: pillar-shaped macrocyclic hosts
pillar [n] arenes: new key players for supramolecular chemistry [J]. ChemInform, 2016,
116: 7937-8002.

[20] Jie K C, Zhou Y J, Li E, et al. Nonporous adaptive crystals of pillararenes [J]. Accounts of
Chemical Research, 2018, 51(9): 2064-2072.

[21] Zheng B, Wang F, Dong S Y, et al. Supramolecular polymers constructed by crown ether-
based molecular recognition [J]. Chemical Society Reviews, 2012, 41(5): 1621-1636.

[22] Zhang C J, Li S J, Zhang J Q, et al. Benzo-21-crown-7/secondary dialkylammonium salt [2]
pseudorotaxane- and [2] rotaxane-type threaded structures [J]. Organic Letters, 2008,
9(26): 5553-5556.

[23] Li C J, Han K, Li J, et al. Supramolecular polymers based on efficient pillar [5] arene——
neutral guest motifs [J]. Chemistry-A European journal, 2013, 19(36): 11892-11897.

[24] Li H, Chen W, Xu F, et al. A color-tunable fluorescent supramolecular hyperbranched
polymer constructed by pillar [5] arene-based host-guest recognition and metal ion coordination
interaction [J]. Macromolecular Rapid Communications, 2018, 39(10): 1800053.

[25] Zhang C J, Li S J, Zhang J J, et al. Benzo-21-crown-7/secondary dialkylammonium salt [2]
pseudorotaxane- and [2] rotaxane-type threaded structures [J]. Organic Letters, 2007,
9(26): 5553-5556.

[26] Dong S Y, Luo Y, Yan X Z, et al. A dual-responsive supramolecular polymer gel formed by crown ether based molecular recognition [J]. Angewandte Chemie International Edition, 2011, 50(8): 1905-1909.

[27] Li Z Y, Zhang Y Y, Zhang C W, et al. Cross-linked supramolecular polymer gels constructed from discrete multi-pillar [5] arene metallacycles and their multiple stimuli-responsive behavior [J]. Journal of The American Chemical Society, 2014, 136(24): 8577-8589.

[28] Likussar W, Boltz D F. Theory of continuous variations plots and a new method for spectrophoto-metric determination of extraction and formation constants [J]. Analytical Chemistry, 1971, 43(10): 1265-1272.